Théorie des jeux pour débutants

Tatiana Babicheva

Copyright © 2021 Tatiana Babicheva

Théorie des jeux pour débutants
ISBN : 9798759671152

TABLE DES MATIÈRES

1 Les jeux avec la nature, ou qu'est-ce qu'une espérance mathématique ?   8

2 Mathematiques de la decision   27

3 Dilemme du prisonnier   45

4 Jeux repetes   67

5 La psychologie du jeu   78

6 Jeux séquentiels. Jeux à information imparfaite ou incomplète.   98

7 Jeux de réseau routier   118

8 Conclusion   130

DÉDICACE

A mes amis et à nos discussions scientifiques folles

DE QUOI PARLE CET OUVRAGE ?

Il s'agit d'un cours d'introduction à la théorie des jeux et à la recherche opérationnelle. Ce cours s'adresse à tous ceux qui s'intéressent à la théorie des jeux. Il ne nécessite pas de connaissances mathématiques et économiques préalables.

Quel en est le sujet ?

Qu'est-ce que la recherche opérationnelle ? Non ! Il n'est pas question d'une opération au cours de laquelle une personne est incisée et dont le prélèvement de son anatomie est examiné.

La recherche opérationnelle est l'application de méthodes mathématiques et quantitatives aux fins d'étayer les décisions dans tous les domaines de l'activité humaine. Elle commence lorsque l'un ou l'autre des appareils mathématiques est utilisé pour justifier des décisions.

Ce qu'est un jeu, en principe, tout le monde le conçoit et en a fait l'expérience plus d'une fois. Mais comment la recherche opérationnelle et le jeu sont-ils liés ? Et qu'est-ce que les mathématiques ont à voir avec cela ?!

Commençons par la question principale : qu'est-ce que la théorie des jeux exactement ?

Le jeu commence chaque fois que des personnes essaient d'une manière ou d'une autre d'interagir les unes avec les autres.

Roméo et Juliette ont joué au jeu "marions-nous", mais en raison d'informations incomplètes et d'autres facteurs, les deux ont perdu.

En quittant la maison pour aller travailler, chaque usager de la route joue à un jeu d'interactions avec nombre d'autres participants, en essayant de minimiser son temps de trajet. C'est ce que nous mentionnerons également lors de l'introduction du concept d'équilibre dans les réseaux routiers.

L'enchère est un type de jeu très explicite, comme toute transaction et fixation de prix en général. Par exemple, si je décide d'ouvrir une nouvelle cantine à l'ENS, je devrai jouer une grosse partie avec les gérants d'autres cantines, une foule d'étudiants et d'autres protagonistes.

Même lorsque vous cherchez un emploi, il vous faudra jouer au jeu "Si je veux un salaire le plus élevé possible, combien demander pour être embauché et pour obtenir ce salaire ?"

Comme vous l'avez déjà compris, la théorie des jeux est l'un des sujets parmi les plus importants.

Naturellement, les théoriciens des jeux ne prétendent pas pouvoir apporter de réponses à tous les problèmes du monde. Le mieux qu'ils puissent comprendre est ce qui se passe lorsque les gens interagissent de manière rationnelle.

Il est heureux que nombre de personnes ne se comportent pas toujours de manière irrationnelle, même si tout le monde ne peut pas être facilement compris. La plupart d'entre nous essayons généralement de dépenser notre argent de manière judicieuse, tout en évitant de faire des choses étranges voire imprévisibles ; sinon, la théorie économique ne pourrait exister.

Même si quelqu'un agit sans réfléchir, cela ne signifie pas nécessairement qu'il agit de manière irrationnelle. La théorie des jeux a eu un certain succès dans l'explication du comportement des insectes et des plantes, alors même que leur capacité à penser peut probablement être remise en question. L'explication vient peut-être simplement du fait que ces générations d'insectes et de plantes ont évolué et se sont adaptées quand ceux d'entre eux qui avaient des gènes inadéquats ont disparu.

Alors peut-être allons-nous étudier une simple psychologie ? Peut-être que le sujet devrait être appelé "méthodes d'interaction rationnelle" plutôt que "théorie des jeux" ?

En fait, nous considérerons un cas assez particulier : celui de joueurs rationnels dans les conditions de jeux "simplifiés" avec des règles connues.

Les mathématiques que nous utiliserons seront assez simples, bien que certains des concepts économiques que nous aborderons ne soient étudiés que dans les programmes universitaires.

La plupart des jeux proposés dans ce livre ont fait l'objet d'expérimentations : les joueurs étaient aussi bien des étudiants du MIPT que les chercheurs du RATP Smart Systems et d'autres types de publics.

Pour clore l'introduction de ce livre, je voudrais remercier la merveilleuse illustratrice Natalia Kilianova pour le formidable travail qu'elle a accompli. Je remercie également Paolo Memmi qui a relu méticuleusement chaque chapitre pour y traquer la moindre erreur d'orthographe et de syntaxe et rendre accessibles du mieux possible les passages pouvant paraître obscurs au lecteur.

INTRODUCTION. EN OUVRANT LA PORTE A LA THEORIE DES JEUX.

Commençons ce livre en décrivant la place de la théorie des jeux dans les sciences mathématiques et économiques modernes. Si nous nous tournons vers une définition formelle, alors la théorie des jeux est une branche des mathématiques appliquées, à l'aide de laquelle le comportement de plusieurs sujets est modélisé, lorsque le critère de décision de chacun dépend des décisions prises par les autres. Dans d'autres manuels et monographies, la théorie des jeux est comprise comme la théorie mathématique de la prise de décision dans des situations de conflit. En fait, ces deux définitions sont équivalentes, parce que toute situation de conflit d'intérêts divergents est un conflit au sens large.

Historiquement, la théorie des jeux remonte au 18ème siècle, avec le début des Lumières et le développement de la théorie économique.
Les premiers modèles économiques de type scientifique qui deviendront plus tard la théorie des jeux furent envisagés par Antoine Augustin Cournot (1801-1877) et Joseph Louis François Bertrand (1822-1900), chercheurs français, du XIXe siècle. Par la suite ce sont devenus des modèles classiques de production et de tarification dans un oligopole qui portent depuis les noms de leurs créateurs (modèles d'oligopole de Cournot et Bertrand).

Au début du XXe siècle Emanuel Lasker (celui qui a été champion du monde d'échecs le plus longtemps, soit pendant 27 ans), Ernst Zermelo (mathématicien allemand) et Émile Borel (chercheur, reconnu ainsi qu'homme politique français, député et ministre) ont avancé l'idée de la théorie mathématique des conflits d'intérêts. Les aspects mathématiques formels et les applications de la théorie des jeux ont été présentés pour la première fois dans le livre de 1944 de John von Neumann et Oskar

Morgenstern, "Game Theory and Economic Behavior" [30]. A cette époque, il s'agissait de jeux antagonistes au "mainstream" de la recherche scientifique : jeux où le gain d'un joueur était égal à la perte de son vis-à-vis. Dans le même temps, jusqu'au milieu du XXe siècle, la théorie des jeux n'était considérée que comme une théorie mathématique, malgré les possibilités évidentes de son application à l'économie.

Cependant, après la Seconde Guerre mondiale, aux États-Unis (notamment en raison de l'augmentation du financement de la science), des tentatives ont eu lieu d'application de la théorie des jeux à la pratique en économie, biologie, cybernétique, technologie et anthropologie.

Les militaires eux-mêmes, pendant et immédiatement après la guerre se sont sérieusement penchés sur la théorie des jeux, y voyant un puissant appareil de recherche de décisions stratégiques. Au début des années 1950, John Nash a formulé le concept d'équilibre de Nash dans les jeux non antagonistes, devenu par la suite la clé de toute la théorie des jeux. Selon ce concept, les parties en présence dans le conflit doivent utiliser la stratégie optimale, ce qui conduit à la création d'un équilibre stable. Il est avantageux pour les joueurs de maintenir cet équilibre, car tout changement aggravera leur situation. Les travaux de Nash ont ainsi apporté une contribution significative au développement de la théorie des jeux, et les outils mathématiques de la modélisation économique ont été révisés. En général, la théorie moderne des jeux repose fortement sur des approches et des résultats qui ont vu le jour dans les œuvres de Nash. Ces dernières années, cette direction scientifique s'est fortement développée. Certains domaines de la théorie économique moderne ne peuvent être formulés sans l'utilisation de la théorie des jeux. En outre, une part significative des prix Nobel d'économie ces dernières années a été décernée à des œuvres dans lesquelles une attention particulière a été accordée aux modèles des jeux.

Parmi eux, les prix suivants peuvent être mentionnés. En 2005 : Robert Aumann et Thomas Schelling, « Pour avoir fait progresser notre compréhension des conflits et de la coopération par le biais d'analyses utilisant la théorie des jeux ». En 2007 : Leonid Hurwicz, Eric Maskin et Roger Myerson, « Pour avoir posé les fondations de la théorie des mécanismes d'incitation ». En 2012 : Lloyd Shapley et Alvin Roth, « Pour leur théorie des allocations stables et la pratique de la conception de marches ». En 2020 : Robert Wilson et Paul Milgrom, « Pour avoir amélioré la théorie des enchères et inventé de nouveaux formats d'enchères ».

La construction et l'étude de modèles de prise de décision sont traditionnellement appelées « problèmes de recherche opérationnelle ». Selon l'élégante définition proposée par l'un des fondateurs de l'école russe de recherche opérationnelle, l'académicien Pavel Krasnoshchekov, "l'aspect théorique de la recherche opérationnelle concerne la construction et l'étude de modèles mathématiques pour prendre des décisions optimales". Évidemment, toute opération, qui est un ensemble d'actions visant à atteindre un objectif, est impensable sans définir cet objectif même. L'objectif peut être formulé, de manière générale, comme vous le souhaitez, en fonction du domaine dans lequel la décision est prise.

Par exemple, dans les affaires militaires, l'objectif est de terminer la mission de combat assignée (en fait, d'une valeur binaire : soit le détachement a terminé la tâche soit non), et en économie, l'objectif, en règle générale, est de maximiser un certain indicateur quantitatif du succès du décideur.

Le plus souvent, dans les modèles mathématiques de l'économie, le profit (si le décideur est une entreprise) ou l'utilité (si la décision est prise par le consommateur) est maximisé. Le résultat de l'opération est influencé à la fois par des facteurs contrôlables, dont les valeurs sont déterminées par les actions du joueur, et par des facteurs incontrôlables. Les règles que le joueur prend en compte pour déterminer les valeurs des facteurs contrôlables forment sa stratégie. Quant aux facteurs incontrôlables, ils incluent tout ce sur quoi le joueur ne peut influer.

En fonction de la qualité de l'information et de la capacité du décideur à prédire la valeur des facteurs incontrôlables, on peut parmi ces derniers distinguer des facteurs aléatoires (pour lesquels au moins la loi de distribution et le comportement stochastique sont connus) et des facteurs incertains, dont seul le domaine de définition est connu.

En théorie des jeux, le principal sujet d'analyse et les modèles de prise de décision sont plus complexes : dans ces modèles, il y a plusieurs décideurs (ou joueurs) qui peuvent aller de deux à l'infini. On suppose que leurs intérêts ne coïncident pas : c'est-à-dire que les objectifs de ces personnes sont différents. C'est l'essence principale de la situation de conflit : la décision n'est pas prise par un individu, mais par plusieurs, et la fonction de gain de chacun d'eux dépend non seulement de sa stratégie, mais aussi des décisions des autres participants. Le modèle mathématique de ce type de conflit s'appelle un jeu et les participants au conflit sont appelés joueurs.

Traditionnellement, la théorie mathématique des jeux est divisée en deux domaines principaux.

- La théorie des jeux coopératifs étudie la prise de décision sous l'hypothèse qu'il existe un mécanisme pour assurer la mise en œuvre d'une décision commune. Dans le même temps, la tâche principale dans cette branche de théorie des jeux est d'indiquer une variété de solutions mutuellement avantageuses, en tenant compte des intérêts et des capacités indépendantes des acteurs individuels et de leurs coalitions, c'est-à-dire des groupes d'acteurs agissant conjointement. Si cet ensemble comprend plusieurs solutions, alors il y a aussi le problème de développer un critère d'optimalité qui permettrait de trouver la seule, et en un sens, la meilleure

— À leur tour, les jeux non coopératifs reflètent des situations dans lesquelles les joueurs agissent de manière autonome, indépendamment les uns des autres, et si certains accords sont conclus, ils ne sont pas contraignants : chaque joueur peut s'écarter de l'accord.

En plus de la division en modèles de jeux coopératifs et non coopératifs, il existe également de nombreuses autres classifications de modèles de théorie des jeux. Par exemple, la différence entre jeux statiques et dynamiques provient de la capacité des joueurs à observer et à réagir aux actions de chacun. Ainsi dans les jeux statiques, les joueurs prennent des décisions en même temps et les décisions prises ne sont pas sujettes à révision. Dans les jeux dynamiques, il existe un ordre de coups plus complexe. Par exemple, dans les échecs les coups sont alternants et dans quelques jeux de société l'ordre de coup dépend des réactions des joueurs.

Dans les chapitres de ce livre, nous discuterons des bases des jeux les plus classiques et nous adopterons un point de vue général sur la théorie des jeux.

1 LES JEUX AVEC LA NATURE, OU QU'EST-CE QU'UNE ESPERANCE MATHEMATIQUE ?

Qu'est-ce que c'est le hasard ?

Nous sommes tous familiers (ou bien nous pensons le connaître) avec le concept de « hasard ». Quelle idée avez-vous de la signification de ce terme ?

La réponse la plus courante à cette question est la suivante : « le hasard survient lorsque des choses inattendues se produisent ». Quelles sont ces choses inattendues ? Je pense que vous comprenez vous-même qu'une telle définition n'a pas réellement de sens. Voici la définition qu'Aristote donne du terme de hasard : « quand ce caractère accidentel se présente dans les faits qui sont produits en vue d'une fin, alors on parle d'effets de fortune et de hasard », mais il affirme « ... il y a une cause déterminée de toute chose dont nous disons qu'elle arrive par hasard ou fortune ».

Introduisons une définition plus formelle. « L'aléatoire est un facteur qui détermine le résultat d'une expérience parmi de nombreux résultats possibles connus à l'avance.»

Mais peut-on parler d'aléatoire si l'on ne connaît pas à l'avance les nombreux résultats possibles ? Par exemple, vous venez passer un test et recevez des problèmes à résoudre. Sont-ils aléatoires pour vous ? Sont-ils aléatoires pour votre professeur ? Pensez-y.

Le hasard peut être catégorisé en deux types différents :

Définition 1. Le hasard ontologique − il fait partie de l'être. Par exemple, le lancement d'une pièce de monnaie peut être classé dans cette catégorie.

Définition 2. Le hasard épistémique − c'est un hasard qui résulte de l'ignorance ou de l'impossibilité de comprendre certains processus, mais en fait tout est ici complètement prédéterminé.

Par exemple, vous venez à l'école et découvrez que vous allez passer un contrôle continu imprévu aujourd'hui. Il peut vous sembler que c'est le fait du hasard, mais en fait c'était prévu depuis longtemps par le conseil pédagogique. Vous ne le saviez simplement pas... L'expression « les accidents ne sont pas accidentels» désigne ce type de hasard épistémique.

À ce jour, sans parler d'une période antérieure, de très nombreuses personnes continuent de croire que l'aléatoire ontologique n'existe pas et que tout aléatoire n'est que de type épistémique. Pour la plupart des érudits des Lumières et jusqu'au début du XXème siècle tout est prédéterminé. Cette tendance porte le nom de déterminisme. Aujourd'hui, nous ne savons tout simplement pas comment exactement les choses fonctionnent. La physique classique est construite sur ce principe déterministe mais pas la physique quantique pour laquelle, tout est bien plus compliqué. Les philosophes comme les physiciens ne sont pas encore pleinement décidés. Par exemple, Paul Thiry d'Holbach, savant et philosophe matérialiste d'origine allemande et d'expression française (1723-1789), a écrit [23]: «Dans un tourbillon de poussière qu'élève un vent impétueux, quelque confus qu'il paraisse à nos yeux, dans la plus affreuse tempête excitée par des vents opposés qui soulèvent les flots, il n'y a pas une seule molécule de poussière ou d'eau qui soit placée au hasard, qui n'ait sa cause suffisante pour occuper le lieu où elle se trouve et qui n'agisse rigoureusement de la manière dont elle doit agir. Un géomètre qui connaîtrait exactement les différentes forces qui agissent dans ces cas et les propriétés des molécules qui sont mues, démontrerait que, d'après des causes données, chaque molécule agit précisément comme elle doit agir et ne peut agir autrement qu'elle ne fait ». D'Holbach associe des déterminations de natures différentes, notamment un modèle mécanique reposant sur la communication universelle du mouvement et un modèle chimique fondé sur les affinités, et qui englobe les passions et les désirs humains. Il y affirme le principe fondamental d'une causalité nécessaire générale : tout effet a une cause naturelle. Il insiste ainsi sur les « lois simples et générales » car elles offrent un repère constant, rassurant et suffisant contre le surnaturel. Cette opinion est particulièrement présente chez les dualistes, qui affirment qu'en plus de la matière, existent des éléments de métaphysique, y compris le principe divin. De toute évidence l'aléatoire ontologique est absolument incompatible avec l'acceptation de quelque chose d'omnipotent et d'omniscient.

L'importance de la philosophie dans notre sujet, je l'espère, ne vous échappera pas. Pourtant ajouter la philosophie à notre cours, en plus des mathématiques, de l'économie et de la psychologie, serait cruel de ma part.

Qu'est-ce que la probabilité ?

Personne ne sait prédire comment une pièce tombera si elle est lancée : face, pile ou même tranche. C'est pourquoi le tirage au sort est si souvent utilisé pour déterminer ce qu'il faut faire dans une situation controversée : par exemple, s'il faut aller au premier cours ou rester au lit. La première utilisation de ce jeu sous cette forme date de la création de la monnaie métallique. Cependant, d'autres formes existaient auparavant qui utilisaient des objets possédant deux côtés distincts, un coquillage par exemple. Le choix était alors laissé au hasard. Aujourd'hui encore, jouer à « pile ou face » signifie qu'on laisse une décision se prendre au hasard, en fonction du côté de la pièce qui apparaîtra après le lancement.

Dans quelles situations lançons-nous une pièce ? En général lorsque nous laissons le « destin » décider à notre place. Dans ce cas de figure deux résultats seulement sont possibles puisque n'est pas retenu comme valide le cas où la pièce retombe sur la tranche ; elle est alors relancée. La probabilité d'obtenir un côté de la pièce est estimée à une sur deux. On parle alors souvent de pourcentage 50/50.

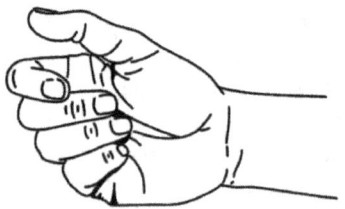

Environ combien de faces verrons nous si nous lançons une pièce 1000 fois ? La probabilité d'obtenir une face doit être multipliée par le nombre d'actions, sachant qu'à chaque lancer, en moyenne, on obtient une « demi-face »: de deux lancements on obtient en moyenne un côté pile et un côté face. Donc, en moyenne, 1000/2=500 faces seront tirées au sort.

Alors, qu'est-ce une probabilité ? Habituellement, dans le cadre des programmes scolaires, la définition suivante est donnée :

Définition 3. Lorsqu'on peut déterminer tous les cas possibles et également probables, la **probabilité** d'un événement est donnée par le quotient du nombre de cas favorables par le nombre de cas possibles.

Qu'est-ce qu'un cas favorable ? Le cas dont nous cherchons la probabilité. Par exemple, la tombée d'une face dans un tirage au sort. Le nombre de cas possibles correspond à l'ensemble des cas, ici, « pile » et « face », donc, il est égal à 2.

Pourquoi le terme « également probables » est-il apparu dans la définition de la probabilité ? Peut-être devrions-nous simplement diviser les cas favorables par les cas possibles ?

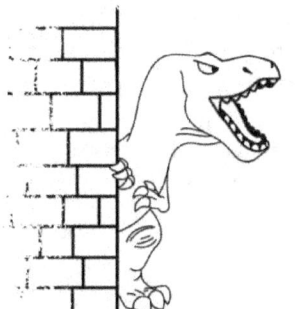

Cette définition ci-dessus peut être illustrée par l'anecdote suivante :

On demande à un passant : Quelle est la probabilité qu'en sortant dans la rue, vous rencontriez un dinosaure ?
Le passant répond : 50 pour cent.
— Mais... Comment cela ?????
Le passant : Eh bien, ou je vais le rencontrer ou pas...

Ici, ce passant lambda (et pas vraiment intelligent) vient de diviser un résultat favorable de « rencontre avec le dinosaure » par deux résultats possibles.

Et bien, vous avez compris que cela ne fonctionne pas de cette façon – c'est bien évident que cette probabilité ne peut pas être aussi élevée. De plus, si dans le jeu à « pile ou face » la pièce de monnaie est truquée, elle cessera d'être parfaitement symétrique et les probabilités de tomber sur face ou sur pile pourront alors devenir inégales. C'est ce procédé qu'utilisent les escrocs, par exemple.

Les jeux avec la nature

L'une des principales raisons de l'émergence et du développement de la théorie des probabilités, voire de sa popularité, provient de la possibilité d'obtenir beaucoup d'argent en une seule fois et sans effort. Par exemple, à la loterie ou à la roulette. Trouver alors des modèles pour « tromper le système » devient un puissant incitateur à développer l'appareil mathématique correspondant.

Il semble que si nous connaissons les lois de la probabilité et les règles qui régissent le hasard, alors nous pouvons gagner dans n'importe quel jeu. Ces tentatives, donc les techniques dont le but est de s'assurer les gains aux jeux de hasard sont appelées les « martingales ». En réalité, c'est une chimère, et nous allons le montrer.

La principale chose que nous devons comprendre est qu'un jeu est aléatoire si le joueur ne peut avoir aucune influence sur son résultat. Ainsi les échecs ne sont pas aléatoires, le bridge ne l'est pas entièrement alors que le lancement d'une pièce, la roulette et même la roulette russe, eux le sont. Nous appellerons ces jeux dans lesquels le hasard joue un rôle important, bien que soumis à certaines dépendances mathématiques, des « jeux avec la nature », c'est-à-dire, avec l'aléatoire. Par exemple, vous pouvez jouer avec seulement la nature en lançant une pièce.

Vous pouvez aussi jouer avec quelqu'un et avec la nature – c'est le cas par exemple du « Bridge ». Dans ce cas, d'une part, la nature vous a donné les cartes (ou une triche, mais nous croyons en la gentillesse et en l'honnêteté des gens, et en général, nous avons notre propre deck). Quant aux actions du deuxième joueur, elles ne sont pas accidentelles.

Il existe un certain nombre de jeux dans lesquels l'action du joueur consiste uniquement à acheter un billet et après cela, il n'y prend plus aucune part. C'est le cas par exemple d'une loterie simple. La roulette est un exemple d'une autre classe de jeux dans laquelle le joueur a la possibilité de choisir le pari et le type de jeu. D'un point de vue mathématique, le jeu de la roulette n'est pas juste car dans tous les cas, c'est le casino qui gagne. Comment déterminer si un jeu est juste ? Ceci nécessite d'introduire le concept d'espérance mathématique, formulé pour la première fois en 1670 par le mathématicien néerlandais Jean de Witt. Celui-ci a publié le premier traité moderne d'évaluation des rentes viagères par l'espérance mathématique (de la valeur actuelle des paiements futurs).

L'espérance mathématique

De quoi s'agit-il ? Imaginons que nous jouions à un jeu. Il n'est pas encore important pour nous que ce soit un jeu avec la nature ou avec un autre adversaire. Considérons ainsi un jeu de dés comportant deux dés. Nous payons 10 euros pour la possibilité de lancer ces dés. Si la somme des deux dés lancés correspond à 7 points, nous gagnons 50 euros. Si un autre montant tombe, nous ne gagnons rien. Ce jeu est-il rentable ? Devez vous y participer ?

Pour le savoir, vous devez calculer la probabilité d'obtenir exactement 7 points sur un lancer de deux dés.
Il y a exactement 36 résultats **également probables** (équiprobables) au total (nous pensons que dans ce jeu les organisateurs ne sont pas des tricheurs si évidents qu'ils offrent de mauvais des truqués). Quels sont ces résultats ? 1 + 1, 1 + 2, 1 + 3, etc. Parmi eux, exactement 6 (1 + 6, 2 + 5, 3 + 4, 4 +3, 5 + 2, 6 + 1) qui sont favorables. Autrement dit, la probabilité de gagner est de $p_{win} = \frac{6}{36} = \frac{1}{6}$. La probabilité de perdre est de $p_{loss} = 1 - \frac{1}{6} = \frac{5}{6}$.

Le résultat du lancement est une **variable aléatoire**.

Définition 4. Les valeurs possibles d'une **variable aléatoire** pourraient représenter les résultats possibles d'une expérience, dont la valeur déjà existante est incertaine.

Dans notre cas, nous connaissons l'ensemble des valeurs possibles de lancement de chacun des dés : ce sont des nombres de 1 à 6. Nous ne savons pas quel nombre tombera après le lancement suivant, c'est un hasard ontologique (si les organisateurs du jeu sont des tricheurs, alors pour eux ce serait un hasard épistémique). Nous nous intéressons aux gains moyens pour un match.

Introduisons la définition du gain moyen dans un langage plus formel.

Définition 5. L'espérance mathématique d'une variable aléatoire est la somme des produits des probabilités d'occurrence de toutes les valeurs possibles par la valeur de ces valeurs. Autrement dit, si la variable X prend les valeurs x_1, x_2, ..., x_n avec les probabilités $p_1, p_2, ..., p_n$, l'espérance de X est définie comme : $E[X] = x_1 p_1 + x_2 p_2 + ... + x_n p_n$.

Conséquence 1. Comme la somme des probabilités est égale à 1, l'espérance peut être considérée comme la moyenne des x_i pondérée par les p_i $E[X]= \frac{x_1 p_1 + x_2 p_2 + \ldots + x_n p_n}{p_1 + p_2 + \ldots + p_n}$.

Dans le jeu considéré, si nous réussissons, nous gagnons 50 euros, le montant du gain est de 40 euros (n'oubliez pas que nous avons déjà donné 10 euros !), Et si nous échouons, nous perdons 0 euros, et le montant du gain est égal à moins dix euros. Alors,

$$E = p_{win} \cdot S_{win} + p_{loss} \cdot S_{loss} = \frac{1}{6} \cdot 40 + \frac{5}{6} \cdot -10 = -\frac{10}{6}.$$

L'espérance mathématique d'un gain dans ce jeu est négative, c'est-à-dire que le jeu n'est pas rentable pour nous. Plus nous y jouerons, plus l'espérance mathématique de gain (la valeur absolue) sera grande et, par conséquent, plus nous perdrons.

Christian Huygens, quant à lui, dans « Du calcul dans les jeux de hasard » de 1657 s'est intéressé à la somme à miser pour que le jeu soit équitable. Il établit que, si dans un jeu, on a p chances de gagner la somme a pour q chances de gagner la somme b, il faut miser la somme $S = \frac{ap+bq}{p+q}$ pour que le jeu soit équitable.

Autrement dit,

Définition 3. Si l'espérance mathématique de gain pour un jeu est égale à zéro, le jeu est considéré **équitable**.

Le concept d'espérance mathématique est une chose assez basique qui est utilisée non seulement dans la théorie des jeux, mais dans beaucoup d'autres domaines et nous les mentionnerons plus tard.

Paradoxe des anniversaires

Comment savoir si un jeu est juste ? Parfois, notre intuition nous fait défaut.

Par exemple, je propose à vous tous qui souhaitez jouer dans votre groupe d'étude ou au bureau le jeu suivant : Si parmi vous il y a au moins deux personnes qui ont le même jour d'anniversaire, alors ils vous offriront de la pizza, sinon c'est vous qui leur en achèterez une. Ce pari est-il juste ou pas pour vous ? Allons vérifier.

Comptons quelques probabilités. Dérivons une formule montrant la probabilité qu'il y ait au moins un couple avec les mêmes anniversaires dans un groupe de n personnes.

Supposons qu'il y ait 366 anniversaires différents et qu'ils soient tous également probables (en fait, ceux qui sont nés le 29 février en moyenne devraient être moins nombreux que ceux nés le 28 février, mais ce n'est pas le cas le plus important ici). Le plus simple pour obtenir le résultat annoncé est de calculer la probabilité que chaque personne ait un jour d'anniversaire différent de celui des autres : le contraire de ce que l'on cherche.

On peut procéder par récurrence : la première personne a donc 366 choix, la deuxième 365, la troisième 364, la quatrième 363, et ainsi de suite. On va ici procéder par dénombrement, c'est-à-dire, que nous allons compter le nombre de cas où n personnes ont des jours d'anniversaire différents et nous le diviserons par le nombre de possibilités. Dans les deux cas nous faisons une hypothèse d'équiprobabilité des jours de naissance. Ainsi, pour deux personnes, la probabilité de non-concordance est $\frac{365}{366}$. Lorsque la troisième personne est arrivée, la probabilité de non-concordance souhaitée est devenue $\frac{365}{366} \cdot \frac{364}{366}$, car il y avait 364 jours « disponibles ».
En raisonnant de cette manière, plus loin, nous pourrons dériver une formule qui détermine la probabilité de non-coïncidence des anniversaires pour l'un des couples dans un groupe de n personnes :

$p_n = \frac{365}{366} \cdot \frac{364}{366} \ldots \frac{366-n}{366}$.

Une action très simple reste à faire. Il vous suffit de calculer cette expression jusqu'à ce que le produit des fractions devienne inférieur à $\frac{1}{2}$. Sur un ordinateur, c'est plus facile à faire. Il s'avère que déjà à $n = 23$ la fraction est inférieure à $\frac{1}{2}$, donc s'il y a 23 personnes dans votre groupe, alors le jeu est déjà rentable pour vous.

Pouvez-vous gagner au casino ?

Regardons un autre exemple, cette fois lié à un autre jeu populaire avec la nature : la roulette française.

Dans le monde moderne, presque tout le monde utilise Internet et beaucoup d'entre nous ont probablement reçu des courriels ou des publicités intrusives proposant de découvrir le secret pour gagner à la roulette.

Le jeu de la roulette française consiste à lancer une petite bille sur une roulette contenant 37 cases. Celles-ci sont numérotées de 0 à 36 (les numéros faisant corps avec le tambour) alternativement rouges et noires, à l'exception du zéro qui est vert. Un joueur mise une certaine somme M sur une des cases. Si la bille s'arrête dans sa case, on lui rembourse 36 fois sa mise (son gain est alors de 35M =36M − M), sinon il la perd (son gain est alors de −M = 0 − M).

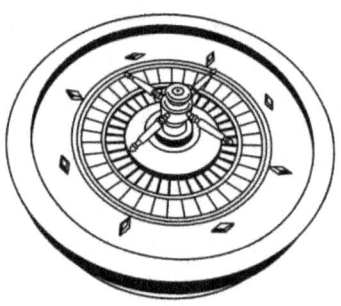

Il existe également d'autres variantes du jeu, par exemple miser sur le rouge. Ainsi, lorsque la bille s'arrête sur la case avec un numéro rouge, la mise est doublée. La probabilité de tomber sur la case rouge est alors de $\frac{18}{37}$, sur la case noire, également de $\frac{18}{37}$ et sur le zéro de $\frac{1}{37}$.

L'espérance mathématique d'un gain avec une mise égale à un euro est alors de :

$$E = \frac{18}{37} \cdot 1 + \frac{19}{37} \cdot -1 = -\frac{1}{37}.$$

Comme nous pouvons le voir, en moyenne nous gagnerons une somme négative, ce qui signifie que ce jeu est injuste. Mais peut-être d'autres options existent-elles ? Vous pouvez miser sur une case spécifique et vous serez payé 36 fois plus que votre mise. Calculons le gain attendu :

$$E = \frac{1}{37} \cdot 35 + \frac{36}{37} \cdot -1 = -\frac{1}{37}.$$

Le casino ne peut pas être dupé, les règles sont faites de telle manière que l'espérance mathématique d'un gain pour chacune des variantes possibles des jeux de roulette soit toujours exactement $-\frac{1}{37}$ de la mise.

La roulette américaine diffère de la roulette française ou européenne par son cylindre dont les numéros sont répartis autrement et qui possède un numéro en plus : le double zéro. De fait, les règles là-bas sont encore plus sévères.

Essayons de tromper le casino en utilisant la recette pour gagner proposée sur Internet. Pour simplifier les calculs ultérieurs, nous supposerons l'impossible : le jeu de la roulette est un jeu équitable et l'espérance mathématique d'un gain est égale à zéro.

Donc mon premier pari est d'un euro et je parie sur le rouge. Si je gagne, je placerai les gains sur un livret à la banque et je n'y toucherai plus jamais. Si je perds, je mise deux euros sur le rouge. Si je gagne alors, un euro gagné est à nouveau envoyé sur un livret et je recommence le jeu depuis le début. Je crois que peu importe combien de temps la série tombe sur le rouge. Avec cette stratégie, doublant constamment les paris lorsque vous perdez et prenant de l'argent lorsque vous gagnez, vous deviendrez invincible. Ai-je raison ?

Voyons quelle est la probabilité d'obtenir noir 20 fois de suite. Elle sera égale à $\frac{1}{2^{20}} \approx 10^{-6}$, soit environ un millionième. Combien d'argent dois-je miser à nouveau dans ce cas ? C'est 2^{20}, soit environ un million d'euros. Est-ce que j'ai une telle somme d'argent sur moi ? Et si c'est le cas, qu'en est-il lorsque le noir tombe 21 fois de suite ? Cela fait approximativement deux millions ? Et 30 fois de suite ? C'est peu probable, mais la perte dans ce cas est astronomique ! Aussi, pour cette stratégie il y a un autre problème : dans les vrais casinos la taille maximale des mises est limitée. Supposons que vous ne puissiez pas parier plus d'un million d'euros.

Nous venons de regarder avec horreur comment la bille s'arrête sur la case noire 19 fois de suite. Pour reconquérir la perte (enfin, il ne peut quand même pas tomber sur le noir pour la 20eme fois, croyons nous), nous devons miser 1 048 576 euros, sauf que les règles limitent notre pari à 1000000 euros ...

Même si j'ai de la chance (et les joueurs pensent qu'ils en auront certainement), alors je serai payée 1 000 000 euros, et j'ai déjà misé 1 048 576 euros. Ma perte nette était de 48 576 euros, et pour la récupérer, je dois jouer avec succès 48 576 fois. Maintenant, rappelez-vous que la probabilité de gagner n'est pas $\frac{1}{2}$, mais $\frac{18}{37}$...

Les calculs montrent que même avec un jeu équitable (ce qui est impossible) pendant 20 ans de jeu consécutifs et constants, la probabilité de gagner est de 99%. Vous devez alors avoir au moins 2^{18} = 262 144 euros d'argent de poche pour gagner un euro chaque jour. N'est-il pas plus facile de mettre de l'argent en banque à un taux d'intérêt minimal ? Ou même de trouver un travail ?

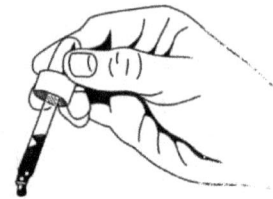

Essayer de réussir dans un tel jeu est somme toute anecdotique :

Visiteur au serveur : Combien coûte une goutte de cognac ?
Serveur : Rien.
Visiteur : Alors, servez moi un verre de gouttes.

La loi des grands nombres est à l'œuvre ici. Et nous en concluons que dans un jeu équitable (et encore plus dans un jeu injuste) aucune stratégie ne peut conduire à une victoire garantie.

Théorie de la décision

Nous avons commencé notre ouvrage par les mathématiques, car jouer avec la nature est essentiellement une estimation du gain attendu basée sur les probabilités de chaque résultat.

Chaque action du joueur dans la théorie des jeux s'appelle sa stratégie.
Dans les jeux que nous avons déjà examinés, les stratégies du joueur pour chaque tour étaient de « jouer » et de « ne pas jouer ».

Tenter de choisir la bonne stratégie est le cas le plus simple de la théorie de la décision.

Il existe un paradoxe connu appelé **Paradoxe de l'âne de Buridan** (lat. Asinus Buridani inter duo prata). Le paradoxe de l'âne de Buridan trouve son origine dans la légende selon laquelle un âne est mort de faim entre deux picotins d'avoine (ou entre un seau contenant de l'avoine et un seau contenant de l'eau) faute de pouvoir choisir. On ne peut, à proprement parler, faire de ce cas de figure un paradoxe logique ; il s'agit plutôt d'un cas d'école de dilemme poussé à l'absurde.

Le paradoxe de l'âne de Buridan n'apparaît dans aucune des œuvres connues de Jean Buridan, bien qu'il soit tout à fait cohérent avec la théorie buridanienne de la liberté et de l'animal. En revanche, cette thématique apparaît dans « Du ciel », où Aristote se demande comment procède un homme qui doit choisir entre de l'eau et de la nourriture.

Alors, comment un âne qui reçoit deux friandises tout aussi tentantes peut-il encore faire un choix rationnel ? Buridan a abordé cette question en défendant la position du déterminisme moral selon laquelle une personne confrontée à un choix, devrait tendre du côté du plus grand bien. Buridan a admis que le choix pouvait être géné par l'évaluation des résultats de chaque choix.

Plus tard, d'autres ont exagéré ce point de vue, en citant l'exemple d'un âne et de deux picotins d'avoine également accessibles et appétissants, et en arguant que l'âne mourrait certainement de faim en prenant une décision. Cette version est devenue largement connue grâce à Gottfried Wilhelm Leibniz (1646-1716), un philosophe et scientifique allemand. Il était également membre de l'Académie française des sciences.

Dans le cadre de la logique du problème lui-même, on peut cependant montrer qu'un âne à l'esprit rationnel ne mourra jamais de faim bien qu'on ne puisse dire quel picotin d'avoine il choisira. En effet si l'on considère le refus de manger comme un choix, et le pire qui soit parmi trois options, un picotin à gauche, un picotin à droite et la famine, la troisième option sera dominée par d'autres stratégies (nous en reparlerons plus tard), donc l'âne ne choisira jamais cette option.

Dans certaines interprétations, un éventuel changement du contexte situationnel est également envisagé : la combinaison de deux picotins en un, à la suite de quoi la dichotomie disparaît.
Bien qu'existent des types différents de dichotomie, il s'agit ici d'une dichotomie corps-esprit, de fait une dichotomie philosophique.

Rappelons, que le paradoxe de la dichotomie le plus connu est un paradoxe formulé par Zénon d'Élée pendant l'Antiquité :

« Quand des masses égales se déplacent à même vitesse, les unes dans un sens, les autres dans le sens contraire, le long de masses égales et immobiles, le temps que mettent les premières à traverser les autres est égal au double du même temps. »

Nous pouvons également mentionner un cas légèrement différent, appelé **Fourchette de Morton** (Morton's fork), décrivant un choix entre deux alternatives également désagréables, ou une situation dans laquelle deux branches de raisonnement conduisent à des conclusions tout aussi désagréables. On dit que cette fourchette est née de la rationalisation d'une bienveillance par le prélat anglais du 15ème siècle John Morton.

« Morton's fork coup » est une manœuvre du jeu de bridge qui utilise le principe de la fourchette de Morton. Aux échecs, une fourchette est un coup tactique qui attaque deux pièces adverses ou plus à la fois, ceci afin d'obtenir un avantage matériel. En effet l'adversaire ne pouvant protéger qu'une seule des deux pièces attaquées, l'autre sera perdue. On parle d'une pièce « faisant une fourchette » et de pièces « prises en fourchette ». Par exemple, dans une fourchette de cavalier, c'est un cavalier qui attaque en général deux pièces adverses en même temps. Même si ce n'est pas en soi une chose agréable, ici, en règle générale, le principe de « choisir le moindre des deux maux » fonctionne, et nous donnons alors la pièce la moins précieuse.

Interaction dans un groupe

Jusqu'à présent, nous avons joué uniquement avec la nature. Néanmoins, nous pouvons également jouer les uns avec les autres. Essayons avec nos amis. Au début du jeu, chacun de nous met un centime dans une banque commune et devra écrire sur un morceau de papier un nombre entier entre 1 et 100. Celui dont le nombre est le plus proche de $\frac{1}{10}$ de la somme de tous les nombres écrits recevra le pot entier. S'il y a plusieurs personnes dans ce cas, le prix sera partagé entre ces personnes.

Considérons le cas d'un nombre de joueurs supérieur à 10. Si nous nous attendons à ce que tout le monde soit rationnel et veuille gagner, alors nous pouvons comprendre que chaque joueur essaiera d'écrire un nombre supérieur à la moyenne arithmétique. Pourquoi ? Parce qu'un dixième de la somme totale est plus grand que la moyenne, c'est-à-dire que la même somme totale divisée par le nombre de joueurs. Cela signifie que la personne qui a écrit le nombre le plus élevé parmi les joueurs a plus de chances de gagner que les autres. Pour garantir que notre nombre n'est pas inférieur à la moyenne, il suffit donc d'écrire 100. On peut se demander alors, pour quelle raison certains joueurs ont choisi ce nombre ? Est-ce pour sa beauté ou

simplement le fruit de hasard ? Ou alors parce qu'ils ont compris que c'était la stratégie gagnante ?
Les expériences, que j'ai moi-même menées avec mes groupes d'élèves comme avec mes amis, ont montré que vers la troisième itération de ce jeu, presque tout le monde a commencé à écrire 100 et donc à comprendre sans doute la logique du jeu.

Coupe de gâteau équitable

La coupe équitable du gâteau est une sorte de problème de division équitable. Le problème implique une ressource hétérogène supposée être divisible. Comme par exemple un gâteau présentant différentes garnitures comme du chocolat ou encore des cerises.
Il est possible d'en couper arbitrairement de petits bouts sans le dénaturer.
La ressource, ici le gâteau, doit être divisée entre plusieurs partenaires qui auront des préférences différentes en fonction du type de garniture présente sur telle ou telle partie du gâteau.
Les critères de choix varieront donc de manière subjective.
Certains, par exemple, préféreront les garnitures au chocolat, d'autres les cerises, d'autres choisiront juste un morceau en fonction de sa taille.
 La division devrait être subjectivement juste, en ce que chaque personne recevra un morceau qu'il ou elle estimera être une juste part.

Le « gâteau » n'est qu'une métaphore ; les procédures de **coupe équitable du gâteau** peuvent être utilisées pour différents types de ressources, telles que les propriétés foncières, l'espace publicitaire ou le temps d'antenne.

Une remarque est importante : aucun participant ne connaît les critères de choix des autres, ceux-ci pouvant être extrêmement différents et complexes, par exemple « le nombre de cerises multiplié par le nombre de fraises et divisé par la taille de la pièce ». Un algorithme est donc nécessaire, capable de prendre en compte toutes ces complexités et ces différences.

Depuis l'époque biblique, un algorithme permettant de diviser un objet entre deux personnes est connu, de telle sorte qu'aucune des deux n'envie l'autre : la première divise le gâteau en deux parts égales selon elle, et l'autre en choisit une. Ainsi, dans la Genèse, Abraham et Lot ont utilisé cette méthode pour diviser le pays : Abraham en a proposé une partition et Lot a choisi entre la Jordanie et Canaan.

Dans les années 1960, les mathématiciens ont mis au point un algorithme pour trois personnes cette fois-ci, concernant un partage de tarte qui soit équitable, et qui ne suscite pas de jalousie.

Au-delà de trois personnes, la meilleure solution jusqu'à présent a été imaginée en 1995 par le politologue Steven Brams de l'Université de New York et le mathématicien Alan Taylor de l'Union College. Leur algorithme garantissait un partage « équitable » du gâteau mais la procédure était « illimitée », le nombre d'étapes nécessaires pour la division pouvant être aussi grand que souhaité.

En 2016, deux informaticiens ont publié un algorithme pour la coupe équitable d'un gâteau avec une complexité d'exécution dépendant du nombre de participants et non de leurs préférences personnelles [5]. L'algorithme est extrêmement complexe. Découper un gâteau entre n participants peut prendre jusqu'à $n^{n^{n^{n^n}}}$ étapes, avec à peu près le même nombre de coupes. Même pour un petit nombre de participants, ce nombre dépasse le nombre d'atomes dans l'univers. Ainsi, la coupe n'est pas réalisable en pratique parce qu'il n'est pas possible de découper les atomes d'un gâteau sans les dénaturer.

Voici un algorithme permettant de diviser un gâteau en trois morceaux. Il s'agit de l'algorithme d'Aziz et Mackenzie, basé sur une procédure élégante inventée indépendamment par les mathématiciens John Selfridge et John Conway dans les années 1960 [32].

Athos, Porthos et Aramis veulent partager le gâteau. L'algorithme commence par Aramis divisant le gâteau en trois morceaux équitables selon lui. Athos et Porthos choisissent chacun la partie qu'ils préfèrent parmi ces trois pièces.

Deux cas de figure se présentent : ou bien ils prennent chacun une pièce différente et Aramis prendra alors la restante, sachant que selon lui elles sont toutes équitables.

Ou bien les deux amis veulent la même pièce. Dans ce cas, il est nécessaire de faire un petit rappel : même si Athos et Porthos ont choisi la même pièce, cela ne signifie pas qu'ils ont des critères de choix identiques, mais simplement que cette pièce pour chacun d'eux est la meilleure. Cela peut arriver par exemple si Porthos adore le chocolat et Athos les cerises, et que cette part qu'ils convoitent est la seule qui contient aussi bien l'un que les autres.

Procédons alors de la manière suivante. De cette pièce désirée par les deux mousquetaires, Porthos en découpe une petite partie afin de rendre équitables les deux pièces qui, de son point de vue sont les meilleures, c'est-à-dire ont le plus de chocolat. Il attribue à ces pièces une valeur en fonction du poids en grammes du chocolat présent sur chacune. En économie, une telle fonction s'appelle « la fonction d'utilité ».
Par exemple, si les trois pièces pour Porthos valent 100, 90 et 80, il découpera 10 de celle qui vaut 100 pour lui, qu'il mettra à l'écart. Désormais, les trois pièces restantes auront respectivement pour valeur 90, 90 et 80. Du point de vue d'Aramis, les parties non touchées par Porthos restent les mêmes mais la pièce dont il avait découpé une petite partie devient pire ou égale que les autres.

Maintenant, Athos doit choisir la meilleure pièce pour lui parmi ces trois pièces puis c'est Porthos qui choisit une pièce pour lui sous la condition qu'il prenne la pièce coupée par lui (il s'agit ici de celle à laquelle il a retranché 10) si Athos ne la choisit pas. Aramis, quant à lui prendra le troisième morceau, celui qui n'a pas été découpé par Porthos, cette part étant choisie soit par ce dernier soit par Athos

En conséquence, personne n'envie personne. Athos choisit en premier, alors pour lui son choix est le meilleur et il est content. Porthos prend ensuite l'une des deux pièces de valeur égale pour lui (une de celles qui valent 90 pour lui). Aramis reçoit la pièce restante qu'il a lui-même découpée.

Il ne reste qu'une petite pièce qui a été mise à l'écart. Mais le gâteau peut être divisé sans recommencer l'algorithme et sans entrer dans un cycle sans fin de coupures et de choix. Pourquoi ? Aramis est satisfait de sa pièce de toute les façons même si la personne qui l'a découpée recevait tout le reste en plus, car Aramis n'aurait pas l'air malhonnête, la pièce coupée et le reste constituant un morceau de gâteau équivalent au sien. Après tout, il a initialement coupé ces morceaux lui-même.

Maintenant, si par exemple Athos a un morceau coupé, alors Porthos coupe les morceaux en trois parties, équivalents de son point de vue, Athos choisit une de ces pièces pour lui-même, puis Aramis choisit, puis Porthos. Tout le monde est heureux : Athos a choisi la première, Aramis obtient une pièce meilleure que celle de Porthos (et il ne se soucie pas de combien Athos a pris), et du point de vue de Porthos, les trois pièces sont égales.

Problème du secrétaire

Un autre problème de comparaison est le problème du secrétaire.

Le problème de la secrétaire, du secrétaire ou des secrétaires est un problème mathématique de théorie de l'arrêt optimal en théorie de la décision, en théorie des probabilités et en statistique. Le problème est aussi connu sous le nom de problème de la princesse [7] et de problème du recrutement immédiat.

Le contexte est le suivant : quelqu'un veut recruter un ou une secrétaire et voit défiler un nombre fini et connu de candidats. Pour chacun, il doit décider s'il l'engage ou pas. Si oui, il termine le processus de recrutement sans voir les autres candidats. Sinon, il n'a pas la possibilité de rappeler la candidate plus tard. Dans le contexte de ce problème, le recruteur n'a pas accès à une valeur intrinsèque des candidats (comme « ce candidat vaut 7/10 »), il ne peut que les comparer (par exemple « ce candidat est meilleur que le premier mais moins bon que le deuxième »).

Le but est de définir une stratégie qui maximise la probabilité d'engager le meilleur candidat.

À première vue, cette tâche semble insurmontable voire même une tromperie. Ce problème a en fait une solution mathématique élégante. La sagesse pratique qui découle du problème se perd généralement dans les pages des livres sur la théorie des probabilités. Je pense que c'est très malheureux, car il existe de nombreuses situations dans lesquelles connaître la stratégie optimale pour choisir parmi des alternatives inconnues peut être utile. Par exemple :

- La décision de louer un appartement dans une ville bondée.
- Trouver rapidement la carte la plus élevée en mélangeant le deck.
- Rechercher un magasin à petits prix sans aller-retour.
- Les obligations envers un partenaire à long terme.

Dans tous ces cas, vous ne savez pas quelles options sont les suivantes. Cependant, vous voudrez peut-être prendre une décision rapide mais en même temps juste. Mon but est d'expliquer la solution au problème de la secrétaire en termes compréhensibles et de l'illustrer si nécessaire.

Face à une incertitude totale, il est tentant de se fier à la chance. Vous pouvez

prendre une décision arbitraire : « de toute façon, je choisis la première option ». Sans surprise, cette stratégie aléatoire ne fonctionne pas bien. Vous avez seulement la chance que le premier candidat soit le meilleur. La même chose est vraie lorsque vous choisissez toujours le dernier candidat ou toujours le candidat numéro 2. Vos chances sont toujours pour toute option pré-préparée.
La stratégie aléatoire devient de moins en moins utile quand le nombre de candidats augmente.

Vous avez peut-être réalisé que la seule variable que vous contrôlez est le nombre d'options que vous avez refusées. Votre stratégie ne peut être que de décider du nombre d'options que vous souhaitez refuser avant de vraiment commencer à prendre des décisions. L'essence de l'approche est que vous voulez attendre suffisamment longtemps pour avoir un bon point de départ puis choisir le prochain candidat qui est meilleur que les options que vous avez déjà regardées. En termes quantitatifs, cette stratégie est formulée comme suit :

- Regardons les X premières options et refusons-les. Nous nous souvenons de la meilleure option. Appelons la B.

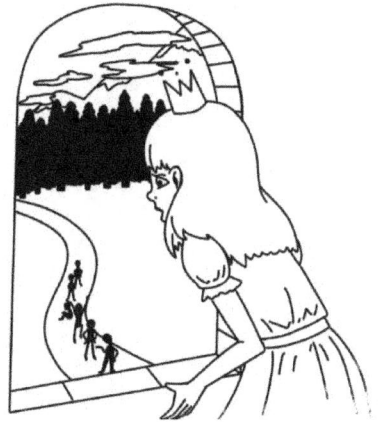

- Nous continuons à regarder les options suivantes jusqu'à ce que la première avec un score plus élevé que B soit trouvée. Nous sélectionnons cette option.

Cette stratégie semble prometteuse, mais un détail doit être clarifié : combien d'options devriez vous refuser ?

Lorsque le nombre X est trop grand, vous pouvez définir des critères de sélection élevés. Mais vous courez également le risque de dire non à la meilleure option. Lorsque le nombre est trop bas, vous avez un point de départ ennuyeux. Vous êtes susceptible de choisir une option non optimale. Ce que nous devons faire, c'est trouver la valeur optimale du nombre de refus compte tenu du nombre de candidats au total. Pour comprendre cela, nous avons besoin de calculs dont nous vous épargnerons la complexité.

La stratégie optimale est de laisser passer 37% des candidates (ou plus précisément une proportion $1/e$) puis d'attendre d'avoir une candidate meilleure que toutes celles de ce premier échantillon. On parle parfois de la règle des 37%.

2 MATHEMATIQUES DE LA DECISION

Dans le premier chapitre, nous avons déjà compris ce qu'est l'espérance mathématique et nous avons également discuté de certains jeux avec la nature. Cependant tout n'est pas si simple et les mathématiques de la prise de décision ne sont pas toujours simples ni équitables.

Ultimatum

Barbe Bleue et Pinocchio s'assoient à une table. On leur a donné 100 billions d'euros, que Barbe Bleue doit partager avec Pinocchio qu'il n'a jamais vu auparavant. Les conditions sont les suivantes : Barbe Bleue peut offrir à Pinocchio une part de n'importe quelle taille mais si Pinocchio refuse le montant proposé aucun d'entre eux ne recevra un centime.

Telles sont les règles du jeu Ultimatum inventé par les économistes en 1982 et utilisé dans de nombreuses expériences. Les auteurs de l'expérience poursuivaient un objectif intéressant pour un cercle assez restreint de spécialistes : ils voulaient identifier le modèle idéal pour les négociations commerciales. Aujourd'hui Ultimatum intéresse une grande variété de domaines scientifiques y compris la philosophie et la sociologie. Pourquoi ?

Pensons logiquement à la somme que Barbe Bleue a à partager pour en tirer le meilleur parti. La pensée rationnelle nous donne la solution : un euro, voire un centime. Pinocchio prend quelque chose pour lui car c'est mieux que rien et Barbe Bleue prend tout le reste.

Mais nous les êtres humains, ne sommes pas guidés par une telle logique. Des expériences ont montré que presqu'aucun participant à ce jeu jouant le rôle de Barbe Bleue n'offrirait une si petite quantité à son partenaire. Un modèle a été identifié précisant lorsque l'accord aura lieu et quand il est voué à l'échec. Il s'est avéré qu'il ne servait à rien d'offrir 30% ou moins : Pinocchio refuserait le montant offert et Barbe Bleue se retrouverait aussi sans rien.

Le philosophe David Edmonds dans son livre « Voulez-vous tuer le gros homme ? » [14] communique les données surprenantes suivantes. Les expériences ont été menées dans différentes parties du monde, à la fois dans des pays économiquement développés et dans d'autres moins avancés. Il s'est avéré que les pourcentages ci-dessus (30%) sont universels pour les résidents de presque toutes les régions.

Les auteurs de l'étude ont donné aux participants 100 dollars en reprenant le principe du jeu Ultimatum. Du coup, il s'est avéré que les « Pinocchio », par exemple aux Etats Unis et en Indonésie, se comportent exactement de la même manière et refusent d'accepter un montant inférieur à 30 dollars. Cela est surprenant car aux États-Unis, vous pouvez faire le plein d'une voiture pour 30 dollars, et en Indonésie, vous pouvez vivre pour le même montant pendant deux semaines sans rien vous refuser.

Je vous avoue que me concernant, à la place de Pinocchio, j'accepterais un centième de la somme donnée. Cependant, pour des montants plus réalistes je ne peux pas être aussi certaine de ma rationalité. Et vous, qu'en pensez-vous ?

Paradoxe de Saint-Pétersbourg

Le paradoxe de Saint-Pétersbourg se résume à la question suivante : pourquoi, alors que mathématiquement l'espérance de gain est infinie à un jeu, les joueurs refusent-ils de jouer tout leur argent ? Il s'agit donc non d'un problème purement mathématique mais d'un paradoxe du comportement des êtres humains face aux événements d'une variable aléatoire dont la valeur est probablement petite mais dont l'espérance est infinie. Dans cette situation, la théorie des probabilités dicte une décision qu'aucun acteur raisonnable ne prendrait.

Le joueur parie une mise initiale encaissée par la banque. On lance une pièce de monnaie à pile ou face. Tant qu'elle sort pile, le jeu continue. Il se termine quand face apparaît, alors la banque paie son gain au joueur. Ce gain est initialement d'un euro, doublé pour chaque apparition de pile. Ainsi, le gain est de 1 si face apparait au premier lancer, 2 si face apparaît au deuxième, 4 au troisième, 8 au quatrième, etc. Donc, si face apparaît pour la première fois au n-ième lancer, la banque paie 2^{n-1} euros au joueur.

Quelle est la mise initiale du joueur pour que le jeu soit équitable, c'est-à-dire pour que la mise initiale du joueur soit égale à son espérance de gain ? Autrement dit, quel est le gain moyen espéré du joueur au cours d'une partie ?

Si face intervient dès le premier lancer, on gagne 1 euro. La probabilité pour que cela arrive est $1/2$, ce qui donne une espérance de gain pour ce cas de $1/2 \times 1 = 1/2$. Si face intervient pour la première fois au deuxième lancer, ce qui se produit avec une probabilité de $1/2 \times 1/2 = 1/4$, le gain est de 2 euros, ce qui fait une espérance de gain de $1/2$ euro pour ce cas. Plus généralement, si face apparaît pour la première fois au n-ième lancer, ce qui se produit avec une probabilité de $(1/2)^n$ le gain est de 2^{n-1} euros, d'où une espérance de gain de $1/2$ euro pour ce coup. L'espérance s'obtient en faisant la somme des espérances de gain de tous les cas possibles. Le résultat est donc une somme d'une infinité de termes qui valent tous $1/2$: il est donc infini. Le jeu est donc favorable au joueur dans tous les cas, sauf si la mise initiale est infinie.

Le paradoxe réside dans le fait qu'il serait rationnel, si le gain seul importait, d'offrir de miser la totalité de ses biens pour pouvoir jouer à ce jeu dont on vient de voir qu'il offrait une espérance de gain infinie (donc bien supérieure à n'importe quelle mise), et que pourtant personne, observe Daniel Bernoulli, ne ferait une chose pareille.

La réponse à ce paradoxe a été de trois ordres : les gens ne le font pas

- par incapacité à se représenter le calcul correct et son résultat ;
- parce que la valeur accordée à une somme d'argent n'est pas une fonction simplement linéaire : on accorde à chaque euro supplémentaire une utilité différente ;
- parce que le risque est un coût et qu'une chance sur deux de gagner deux euros ou zéro, ça ne vaut pas un euro;

Ces trois axes ne s'opposent pas, ils peuvent être vrais en même temps et ainsi contribuer à la décision de limiter sa mise.

Ce paradoxe a été énoncé en 1713 par Nicolas Bernoulli (1695-1726), un mathématicien suisse. La première publication est due à son frère Daniel Bernoulli, « Specimen theoriae novae de mensura sortis », dans les Commentarii de l'Académie impériale des sciences de Saint-Pétersbourg (d'où son nom). Mais cette théorie remonte à un courrier privé de Gabriel Cramer à Nicolas Bernoulli dans une tentative de réponse à ce paradoxe. Pour ces deux auteurs, le joueur refuse de tout miser car il ne peut risquer de perdre tout son argent. Dans cette théorie de l'espérance morale formalisée par Bernoulli, ils introduisent une fonction d'utilité marginale. Cependant, ces deux auteurs divergent sur la fonction d'utilité : logarithme naturel pour Bernoulli et racine carrée pour Cramer.

Pour eux, c'est l'utilité qui importe au joueur et non le gain et cette utilité est décroissante, ce qui signifie que le doublement de la somme gagnée ne fait pas doublement en termes d'utilité. Dans le cadre du paradoxe, l'utilité prend alors une valeur finie et relativement faible, ce qui rend rationnel de faire une mise limitée. Alors, pour les joueurs, il y a une sorte d'inflation, voire d'hyperinflation.

Biais cognitif

Les deux jeux considérés sont liés à la psychologie du joueur. Discutons une caractéristique importante de la psychologie de la personnalité : la tendance au **biais cognitif**. Un biais cognitif est une distorsion dans le traitement cognitif d'une information. Le terme biais fait référence à une déviation systématique de la pensée logique et rationnelle par rapport à la réalité. La plupart des biais cognitifs ont été décrits par des scientifiques et beaucoup ont été prouvés dans des expériences psychologiques.

Certains de ces biais peuvent en fait être efficaces dans des milieux naturels tels que ceux qui ont hébergé l'évolution humaine, permettant une évaluation ou une action plus performante ; tandis qu'ils se révèlent inadaptés à un milieu artificiel moderne. D'autres semblent provenir d'un manque de capacités de réflexion appropriées ou d'une utilisation inappropriée de compétences adaptatives dans d'autres contextes.

Nous ne décrirons ici que ceux des biais cognitifs qui à mon avis, sont les plus courants dans la prise de décision et lors des jeux économiques et mathématiques.

Exagération de la probabilité de cas particuliers. Par exemple, la *généralisation de cas particuliers* est un transfert déraisonnable des caractéristiques de cas particuliers ou même isolés à leurs vastes ensembles. Il existe de nombreux types de ce biais cognitif, le plus classique étant la théorie du complot. Dans les jeux, c'est par exemple, la conviction « J'ai eu de la chance une fois à la roulette aujourd'hui, alors j'en aurai encore ». *Baader–Meinhof phenomenon* ou biais de fréquence signifie que les informations récemment apprises qui réapparaissent après une courte période sont perçues comme étant inhabituellement fréquentes. Vous avez sûrement, juste après avoir commencé à lire ce livre, entendu parler de quelque chose de similaire autour de vous ?

Réévaluation de l'importance de cas particuliers. *Biais rétrospectif* ou l'effet « je le savais dès le début » est une tendance à juger a posteriori qu'un événement était prévisible. Il s'agit de la tendance à juger les décisions en fonction de leurs résultats finaux plutôt que de juger de la qualité des décisions en fonction des circonstances du moment où elles ont été prises « les gagnants ne sont pas jugés ». *Effet râteau* – exagérer la régularité du hasard.

Réévaluation de vos capacités. *Biais égocentrique* consiste pour une personne, lors d'une action conjointe ou d'un travail en groupe, à surestimer sa contribution et à s'attribuer plus de responsabilités que ne l'aurait fait un observateur extérieur. L'*illusion du contrôle* est la tendance des gens à surestimer leur capacité à contrôler les événements ; par exemple, cela se produit lorsque quelqu'un ressent un sentiment de contrôle sur les résultats sur lesquels il n'a manifestement aucune influence (viens, viens, balle, tombe sur le rouge !). *Zéro-risque biais* est une préférence pour une situation contrôlée mais potentiellement plus nuisible (en raison de sa fréquence plus élevée) par rapport à l'opposé en raison d'une surestimation de la possibilité de contrôle. Autrement dit, une personne croit qu'elle se débarrasse complètement du risque (en fait, sans en avoir un contrôle complet), alors que du côté des statistiques, il s'agit de la réduction d'un seul risque à zéro du plus grand. Par exemple, de nombreuses personnes craignent davantage les complications des interventions médicales que la maladie et la mort dues à ces maladies qui résultent d'un manque de traitement. *Effet Dunning-Kruger* signifie que les moins compétents dans un domaine surestiment leurs compétences, alors que les plus compétents ont tendance à sous-estimer les leurs.

Réévaluation de l'importance de sa propre opinion, position, et/ou choix. *Biais favorable au choix* est la tendance à attribuer rétroactivement des attributs positifs à une option sélectionnée et à sa justification supplémentaire. *Biais* *d'attention* désigne la manière dont certaines informations sont traitées différemment par le cerveau en fonction des préoccupations ou centres d'intérêt d'un individu. Par exemple : « J'adore le rouge, donc le rouge tombera plus souvent ! ». *Escalade d'engagement* est une tendance de vous souvenir de votre choix comme étant plus correct qu'il l'était en réalité. *Le biais de la tâche aveugle* est un biais concernant la reconnaissance de l'impact des biais sur le jugement des autres, tout en omettant de voir l'impact des biais sur son propre jugement.

Les méthodes pour protéger son opinion dans de telles distorsions sont généralement les suivantes.

Réduction de la dissonance cognitive : vous essayez de réinterpréter une situation pour en éliminer les contradictions.

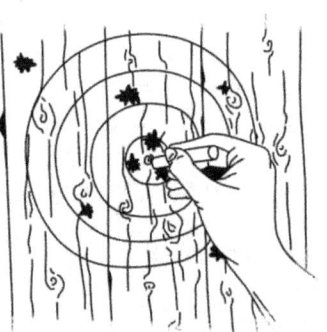

Sophisme du tireur d'élite texan est une sélection ou ajustement d'une hypothèse en fonction des résultats de mesure. Ce sophisme tire son nom d'une blague dans laquelle un tireur texan trace une cible a posteriori autour du point d'impact de sa balle. *Biais de confirmation* concerne la tendance à valider ses opinions auprès des instances qui les confirment et à rejeter d'emblée les instances qui les réfutent.

Dans ce qu'on appelle *l'effet d'observateur-attente*, l'expérimentateur peut subtilement communiquer ses attentes pour le résultat de l'étude aux participants, les amenant à modifier leur comportement pour se conformer à ses attentes.

La *perception sélective* est la tendance à interpréter de manière sélective ce que l'on observe selon nos intérêts, notre situation sociale, notre expérience et nos attitudes. L'*effet retour de flamme* conduit des personnes confrontées à des preuves logiques et claires qui contredisent ou invalident leurs croyances, à les rejeter et à se sentir confortées dans leur croyance initiale. *Biais du survivant* consiste à se focaliser sur les éléments ayant passé avec succès un processus de sélection pour en tirer des conclusions sur la totalité des éléments.

Et, bien sûr, la distorsion cognitive la plus courante et la plus ennuyeuse pour beaucoup est appelée *« Malédiction de la connaissance »*. C'est un biais cognitif qui survient lorsqu'une personne, communiquant avec d'autres personnes, suppose inconsciemment que les autres ont les mêmes connaissances qu'elle pour comprendre. Vous êtes sûrement confronté à cela presque tous les jours et des deux côtés.

Paradoxe des deux enveloppes

En théorie de la décision, le paradoxe des deux enveloppes est un raisonnement probabiliste aboutissant à un résultat absurde.

Il existe plusieurs variantes du paradoxe. Le plus souvent, il est proposé la situation de décision suivante : deux enveloppes contiennent chacune un chèque. On sait que l'un des chèques porte un montant double de l'autre mais on n'a aucune information sur la façon dont les montants ont été déterminés. Un animateur propose à un candidat de choisir une des enveloppes, le montant du chèque contenu dans l'enveloppe choisie lui sera acquis.
Le paradoxe proprement dit réside dans l'argument qui va suivre : avant que le candidat n'ouvre l'enveloppe choisie, l'animateur lui conseille de changer son choix avec le raisonnement suivant.

Soit V la valeur du chèque dans l'enveloppe choisie. Il y a deux cas possibles :
- une chance sur deux que l'autre enveloppe contienne un chèque deux fois plus important (donc de valeur 2V) ;
- une chance sur deux que l'autre enveloppe contienne un chèque deux fois plus petit (donc de valeur V/2).

L'espérance du montant obtenu en changeant d'enveloppe serait alors E_{pr}=50% $\times$ 2V+50% $\times$ V/2=V+V/4=5/4 $\times$ V qui est supérieur à V.

Le candidat aurait donc intérêt à changer d'enveloppe, ce qui est absurde puisque les deux enveloppes jouent le même rôle et que le candidat, n'ayant pas encore ouvert la première n'a aucun moyen de les distinguer.

La tâche est devenue populaire grâce à Martin Gardner qui l'a décrite en 1982 sous le titre « À qui le portefeuille est le plus épais ? ». Un nouvel intérêt pour le paradoxe est apparu après que Barry Nalebuff ait publié un article énumérant un certain nombre de paradoxes en théorie des probabilités dans le *Journal of Economic Perspectives*. Après avoir reçu de nombreuses réponses à cette publication, il a préparé le deuxième article « L'enveloppe de l'autre personne est toujours plus verte », consacré directement au paradoxe des deux enveloppes.

Le même jeu pourrait-il « être plus rentable » pour chacun des deux partenaires ? Il est clair que non. N'est-ce pas un paradoxe parce que chaque joueur croit à tort que ses chances de gagner et de perdre sont égales ?

Du point de vue de Nalebuff, la première explication satisfaisante de son problème est donnée par Sandy Zabell dans « Losses and Gains : The Paradox of Exchange ». En reformulant quelque peu, voici ce qu'écrit Nalebuff :

Tout le monde croit que le montant qu'il voit n'a pas d'importance étant donné la possibilité que plus tard dans son enveloppe il y ait un montant plus important. Cela signifie qu'on estime que la probabilité que le montant de notre enveloppe soit plus élevé est de 1/2 quel que soit le montant que l'on voit. Ce qui n'est vrai que si chaque valeur de zéro à l'infini est équiprobable. Mais si toutes les possibilités infinies sont également probables, la probabilité de chaque valeur a une probabilité nulle. Ensuite, chaque résultat n'a aucune chance. Et cela n'a aucun sens.

Problème de Monty Hall

Le soi-disant dilemme de Monty Hall est un mystère bien connu, du nom du premier présentateur de télévision de l'émission américaine « Let's Make a Deal ».

Dans ce jeu télévisé, celui-ci a donné aux participants le choix entre trois portes dont l'une cachait une voiture et les deux autres cachaient des chèvres. La voiture et les chèvres ont été placées au hasard à l'avance et n'ont pas changé d'emplacement.

Après que le participant ait fait son choix, le présentateur a toujours ouvert l'une des deux portes restantes, derrière laquelle, comme il le savait à l'avance, il n'y avait pas de voiture. Le candidat a alors le droit d'ouvrir la porte qu'il a choisie initialement, ou d'ouvrir la troisième porte.

Il existe en fait plusieurs stratégies possibles pour Monty.

portes et que vous devez choisir d'en ouvrir une seule, en sachant que derrière l'une d'elles se trouve une voiture et derrière les deux autres des chèvres. Vous choisissez une porte, disons la numéro 1, et le présentateur, qui sait, lui, ce qu'il y a derrière chaque porte, ouvre une autre porte, disons la numéro 3, porte qui une fois ouverte découvre une chèvre. Il vous demande alors : « désirez-vous ouvrir la porte numéro 2 ? ». Avez-vous intérêt à changer votre choix ?

La publication de cet article dans le Parade Magazine a eu un impact immédiat sur le lectorat et a engendré de très nombreuses discussions parmi les mathématiciens, célèbres ou non, et les amateurs anonymes. Marilin vos Savant a ainsi reçu plus de 10 000 lettres. Comme vous pouvez le voir, la pêche à la traîne a prospéré même à cette époque, où il fallait consacrer beaucoup plus de temps et d'efforts qu'aujourd'hui, et même aussi payer une enveloppe postale et un timbre-poste.

Le talentueux mathématicien hongrois Paul Erdős est également tombé dans le piège et a même refusé de prendre une décision jusqu'à ce qu'il voit de ses propres yeux une simulation informatique des résultats de l'expérience. Pour être honnête, il est difficile de le croire, mais la rumeur est néanmoins apparue.

Porte 1	Porte 2	Porte 3	Le résultat si vous changez votre choix	Le résultat si vous ne changez pas votre choix
Voiture	Chèvre	Chèvre	Chèvre	Voiture
Chèvre	Voiture	Chèvre	Voiture	Chèvre
Chèvre	Chèvre	Voiture	Voiture	Chèvre

Pour une stratégie gagnante, ce qui suit est important : si vous changez le choix de la porte après les actions de l'hôte, vous gagnez si vous avez initialement choisi la porte perdante. Cela se produira avec une probabilité de 2/3, car au départ, vous pouvez choisir une porte perdante de 2 façons sur 3.

Mais souvent en résolvant ce problème, le raisonnement ressemble à quelque chose comme ceci : l'hôte enlève toujours une porte perdante à la fin, puis les probabilités qu'une voiture apparaisse derrière deux portes non ouvertes deviennent égales à 1/2, quel que soit le choix initial. Mais ce n'est pas vrai : bien qu'il existe effectivement deux options de choix, ces options (compte tenu du contexte) ne sont pas également probables. Il en est ainsi, puisqu'au départ, toutes les portes avaient une chance égale de gagner, mais avaient

- Infernal Monty : l'hôte suggère de changer son choix si la porte est correcte.
- Angélique Monty : l'hôte propose de changer son choix si la porte n'est pas la bonne.
- Chevrotin Monty : dés le début du jeu l'hôte choisit l'une des chèvres et l'ouvre si le joueur a choisi une autre porte.

Il est donc préférable de se fonder sur un énoncé non équivoque du problème, incluant les contraintes du présentateur et décrit par Mueser et Granberg comme suit :

- Soient trois portes, l'une cache une voiture, les deux autres une chèvre. Les prix sont répartis par tirage au sort.
- Le présentateur connaît la répartition des prix.
- Le joueur choisit une des portes, mais rien n'est révélé.
- Le présentateur ouvre une autre porte ne révélant pas la voiture.
- Le présentateur propose au candidat de changer son choix de porte à ouvrir.

Le présentateur n'ouvre jamais la porte de la voiture, alors, si le joueur choisit une porte à chèvre, le présentateur ouvrira la seule autre porte à chèvre. Et, en effet, si le joueur choisit la porte à voiture, le présentateur ouvrira au hasard une des deux portes à chèvre (éventuellement préalablement désignée par tirage au sort).

La question qui se pose alors est « Le joueur augmente-t-il ses chances de gagner la voiture en changeant son choix initial ? », dit autrement « Est-ce que la probabilité de gagner en changeant de porte est plus grande que la probabilité de gagner sans changer de porte ? »

L'écrasante majorité des joueurs et des répondants ont refusé de changer leur choix, bien que cela aurait doublé leurs chances de gagner. Dans le même temps, les gens pensent qu'avec les deux portes restantes, les chances de gagner sont égales et qu'il ne sert à rien de changer leur choix. Si vous pensez la même chose, ne soyez pas gêné, car vous n'êtes pas le seul à vous faire des illusions.

Ci-dessous est reproduite la traduction d'un énoncé célèbre du problème, issu d'une lettre que Craig F. Whitaker avait fait paraître dans la rubrique Ask Marilyn de Marilyn vos Savant du Parade Magazine en septembre 1990 :

Supposez que vous êtes sur le plateau d'un jeu télévisé, face à trois ensuite des probabilités différentes d'être exclues.

Pour la plupart des gens, cette conclusion contredit la perception intuitive de la situation et en raison de la divergence émergente entre la conclusion logique et la réponse vers laquelle s'incline l'opinion intuitive, la tâche est appelée le paradoxe de Monty Hall.

La situation avec les portes devient encore plus évidente si l'on imagine qu'il n'y a pas 3 portes, mais, disons, 1000, et qu'après le choix du joueur, l'hôte en enlève 998 ne laissant que 2 portes : celle que le joueur a choisie et une de plus. Il semble alors plus évident que les probabilités de trouver un prix derrière ces portes sont différentes et non égales à 1/2. Si nous changeons la porte, nous perdons seulement si nous choisissons d'abord la porte du prix, dont la probabilité est de 1/1000. Nous gagnons dans le cas où notre choix initial était erroné, et la probabilité est de 999 sur 1000. Dans le cas de 3 portes, la logique demeure, mais la probabilité de gagner lorsque la décision est modifiée est respectivement de 2/3 et non de 999/1000.

Avez-vous eu une dissonance cognitive en essayant de saisir ce paradoxe ?

Et les pigeons ?

Assez surpris par l'inertie de certains modèles de l'esprit humain, les chercheurs Julia Schroder et Walter Hebranson [22] ont entrepris de tester les résultats sur des pigeons qui ont fait leurs preuves dans un certain nombre de problèmes probabilistes pratiques.
Les oiseaux n'ont pas déçu les attentes cette fois encore. Après un certain entraînement, les pigeons ont appris empiriquement à choisir la bonne stratégie mais les personnes de la même expérience ne l'ont pas fait.

Voici comment cela s'est déroulé. Les scientifiques ont sélectionné six colombes bleues communes et à chacune ont donné le choix entre trois mangeoires brillantes. La sélection initiale avec le bec a suivi, les trois mangeoires se sont éteintes et après une courte pause, deux ont recommencé à briller, parmi lesquelles le pigeon en a choisi une au début. La simulation par ordinateur a remplacé Monty Hall, supprimant un chargeur vide. Après quoi le sujet pouvait choisir à nouveau parmi les deux autres.

Le prix était la nourriture et lorsque le pigeon a correctement deviné la mangeoire, elle s'est ouverte et l'oiseau a reçu une récompense. Ce choix et la récompense que le pigeon a obtenue dans le cas de réussite ont renforcé l'incitation et donné une impulsion à l'apprentissage. Puis un nouveau trio de mangeoires lumineuses est apparu.

Les oiseaux ont rapidement appris à faire les bons choix en « calculant » leurs avantages et dans les 30 jours, le pourcentage de changement de mangeoire est passé de 36,33% à 96,33%. Certains oiseaux ont atteint des indicateurs absolus : ils ont toujours changé leur choix.

Cela s'est avéré différent avec les gens. Pendant les 30 jours d'expérimentation, des progrès ont été initialement observés, mais il n'a pas été possible d'identifier une tendance. L'augmentation observée du changement de choix est passée de 56,67% à 65,67%. Cependant, les limites de l'intervalle de confiance indiquent que le choix pourrait avoir été déterminé par le hasard.

Une autre série d'essais a été menée dans laquelle les conditions du dilemme de Monty Hall ont été définies de telle manière qu'il est devenu plus rentable de s'en tenir au choix initial. L'objectif était de tester la capacité du cerveau à trouver des stratégies optimales même lorsque les conditions changent soudainement. Dans la deuxième expérience, l'emplacement du prix n'a été déterminé qu'après la sélection initiale.

Le résultat a confirmé la tendance. Le processeur central du cerveau de pigeon a tout calculé correctement. Dès le premier jour, la mauvaise stratégie a été suivie dans 30,17% des cas, le dernier jour (15e) – seulement dans 4,33% des cas. La variation chez les jeunes homo sapiens n'a quant à elle pas été significative : le premier jour ils ont changé leur choix à 30% de cas, le dernier jour à 27,67%.

Le paradoxe des (trois) prisonniers

Ce problème proposé par Judea Pearl est un simple calcul de probabilités. Il sera par la suite modifié et popularisé par Martin Gardner en 1959.

La version initiale est la suivante :

> *Trois prisonniers sont dans une cellule. Ils savent que deux vont être condamnés à mort et un gracié, mais ils ne savent pas qui. L'un d'entre eux va voir le gardien et lui demande : « Je sais bien que tu ne peux rien me dire mais tu peux au moins me montrer*

un de mes compagnons qui sera exécuté ». Le gardien réfléchit, se dit que de toutes manières au moins l'un des deux autres prisonniers sera condamné et il s'exécute. Le prisonnier lui répond alors : « Merci. Avant j'avais une chance sur trois d'être gracié et maintenant, j'en ai une sur deux ».

La version de Gardner est un peu modifiée. Le garde dit au prisonnier A que le prisonnier B sera exécuté. Le prisonnier A est heureux d'entendre cela, car il pense que sa probabilité de survie est désormais de 1/2 au lieu de 1/3 comme avant. Le prisonnier A dit discrètement au prisonnier C que B sera exécuté. Le prisonnier C est également heureux d'entendre cela, car il croit toujours que le taux de survie du prisonnier A est de 1/3 et que son taux de survie est passé à 2/3. Comment est-ce possible ?

Ceux qui connaissent le paradoxe de Monty Hall savent maintenant que C a raison et A a tort.

- Prisonnier A sera gracié, et le gardien a dit le nom de B : la probabilité est égale à 1/6.
- Prisonnier A sera gracié, et le gardien a dit le nom de C : la probabilité est aussi égale à 1/6.
- Prisonnier B sera gracié, et le gardien a dit le nom de C : la probabilité est égale à 1/3.
- Prisonnier C sera gracié, et le gardien a dit le nom de B : la probabilité est aussi égale à 1/3.

Ainsi, la phrase « B sera executé » laisse une probabilité de 2/3 que C sera gracié, et 1/3 pour A.

Les gens pensent que la probabilité est de 1/2 parce qu'ils ignorent le cœur de la question que le prisonnier A pose au gardien. Si le gardien pouvait répondre à la question « Le prisonnier B sera-t-il exécuté ? ». Alors, si la réponse était oui, la probabilité que A soit exécuté diminuerait en effet de 2/3 à 1/2. La question peut être abordée de l'autre côté : si A est gracié, le gardien prononcera n'importe quel nom au hasard ; si A est à exécuter, le garde dira qui sera exécuté avec A. La question ne donnera donc pas à A une chance supplémentaire de survie.

Paradoxe de l'interrogation surprise

Le paradoxe de l'interrogation surprise a été relevé par le professeur de mathématiques, Lennart Ekbom. Il fut publié en 1948.

Un professeur annonce à ses élèves : « Il y aura une interrogation surprise la semaine prochaine. »

Précisons les termes. Il faut comprendre trois choses :

- Une interrogation aura lieu durant un cours, soit le lundi, soit le mardi, soit le mercredi, soit le jeudi, soit le vendredi.
- Juste avant le début de l'interrogation, l'élève ne pourra avoir la certitude que l'interrogation va avoir lieu.
- Une unique interrogation aura lieu.

Un élève futé fait le raisonnement suivant : si jeudi soir, l'interrogation n'a pas eu lieu, alors je serai certain qu'elle est pour vendredi. Ce ne sera donc plus une surprise. L'interrogation ne peut donc avoir lieu vendredi parce c'est le dernier jour possible. Mais puisque l'interrogation ne peut avoir lieu le dernier jour, l'avant-dernier jour devient de facto, le dernier jour possible. Ainsi, par récurrence, on en déduit que l'interrogation ne peut avoir lieu.

Apparemment, il ne s'agit que d'un propos trompeur de même nature que les paradoxes sorites. Il s'agit d'un type de raisonnement composé d'une série de propositions agencées sous la forme : tout A est B, or tout B est C, or tout C est D, donc tout A est D. Le sorite est un syllogisme étendu.

Cependant, l'élève peut pousser plus loin le raisonnement. De la première conclusion, il doit déduire que le professeur a obligatoirement menti. Mais en quoi a-t-il menti ? Si le vendredi soir, l'examen a bien eu lieu, alors le mensonge est dans l'effet de surprise uniquement. Mais puisque le professeur est un menteur, il se peut qu'il n'y ait pas du tout d'examen. Le raisonnement initial n'est donc plus valable : l'interrogation constituera bien une surprise même si elle survient le vendredi. Finalement, le professeur ne mentira pas si et seulement si il est pris pour un menteur. On retrouve donc le paradoxe du menteur.

Ce paradoxe est en réalité inhérent au mot *surprise* et à la notion d'*aléatoire*.

Le similaire, nommé « paradoxe de la bouteille satanique de Stevenson » est un paradoxe logique décrit dans « Le Diable dans la bouteille » de Robert

Louis Stevenson (1893).

Keawe, habitant de l'île d'Hawaï en voyage à San Francisco, achète une bouteille.
Cette bouteille contient un petit diable exauçant tous les souhaits de son détenteur. Toutefois, sous peine d'être damné, ce dernier doit s'en séparer impérativement avant de mourir.
Et la seule manière de se débarrasser de cette bouteille diabolique, c'est de la vendre à un prix inférieur à celui qui a été déboursé pour l'acquérir. Il n'y a pas d'autre moyen de se débarrasser de la bouteille : jetée, elle revient au propriétaire d'une manière inconnue. De plus, l'accomplissement des désirs entraîne le malheur des proches du propriétaire de la bouteille. Le héros souhaitait devenir riche et peu de temps après, son oncle et son cousin sont morts, lui laissant un grand héritage.

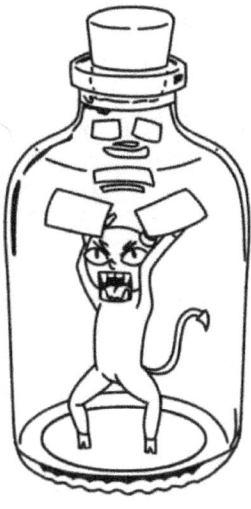

L'auteur crée un paradoxe dans cette nouvelle : quel est le prix le plus bas auquel une bouteille peut être vendue ? Évidemment, si vous l'achetez à un prix supposé être le minimum, par exemple un centime, il ne sera plus possible de le vendre à perte. Par conséquent elle ne peut pas être vendue pour un centime car tout acheteur, connaissant toutes les conditions de la transaction et les conséquences qu'elle entraîne, refusera de l'acheter, car il ne peut pas la revendre. De la même manière, il est impossible de la vendre pour deux, trois centimes ou un montant approchant car votre acheteur potentiel exprimera très probablement des doutes sur la faisabilité d'une telle transaction. En effet, compte tenu de la possibilité d'une vente ultérieure, il risque de ne pas trouver d'acheteur pour la bouteille. En revanche, si le prix d'une bouteille est encore assez élevé, il y a toujours une chance de trouver un acheteur pour cette bouteille. Mais à chaque vente, la probabilité de trouver un tel acheteur s'amenuise et la perte sur la vente de la bouteille s'accroît.

Dans la nouvelle, il y a des solutions possibles pour aider le personnage principal. Ainsi la variation des taux de change entre pays différents, le sacrifice de soi d'un être cher prêt à racheter une bouteille à un prix extrêmement bas au détriment de son salut et finalement l'indifférence de ce personnage aux conséquences pour son âme (parce qu'il est tellement pêcheur qu'il va brûler en enfer même sans cette malédiction). Pourtant, aucune des solutions ne répond à la question posée : quel est le prix le plus bas auquel une bouteille peut être vendue ?

Si nous comparons ce paradoxe à celui décrit au-dessus, il devient clair qu'il n'y a pas de réponse à la question posée. Pour chaque acheteur d'une bouteille, à l'exception du dernier, la réponse à cette question ne dépendra que du cas. Calculer logiquement vos chances de vendre la bouteille est ici inutile, comme dans le paradoxe de l'interrogation surprise.

Paradoxe de Parrondo

Revenons aux stratégies et aux jeux plus formels. Le paradoxe de Parrondo est un paradoxe de la théorie des jeux qui est bien souvent décrit comme « une stratégie qui gagne avec des jeux perdants ». Il a été aussi nommé du nom de son créateur Juan Parrondo, un physicien de Madrid.

Étant donné 2 jeux, chacun ayant une probabilité de perte plus grande que celle de gain, il est possible de construire une stratégie gagnante en jouant les 2 jeux alternativement.

Considérons l'exemple des jeux suivants. Gagner une partie rapporte 1 euro et perdre une partie nous coûte 1 euro.

Dans le jeu A, on lance une pièce biaisée, pièce de 1, avec les probabilités de succès $P_1 = 1/2 - 1/200$. L'espérance d'un tel jeu est $-1/100$ euros par partie ; comme elle est négative, le jeu A est perdant.

Le jeu B est un peu plus compliqué. Si le capital du joueur est un multiple de 3, il gagne un euro avec une probabilité $p_1 = 1/10 - 1/200$ et perd un euro avec la probabilité $1 - p_1$; sinon, il gagne un euro avec une probabilité $p_2 = 3/4 - 1/200$, et perd un euro avec la probabilité $1 - p_2$. Dans ce cas, l'espérance du jeu B est alors de $-0,0087$ euro par partie. Il s'agit d'une valeur assez faible mais à long terme, jouer au jeu B fait perdre de l'argent.

Il se produit alors un étonnant phénomène : une multitude de combinaisons simples des jeux A et B aboutit à des jeux gagnants. L'expérimentation numérique montre par exemple que les trois combinaisons suivantes sont des jeux gagnants.

- Combinaison aléatoire équilibrée des jeux A et B : on joue le jeu A ou le jeu B en choisissant au hasard à chaque fois, à pile ou face par exemple. L'espérance de ce jeu combiné est $+0,0147$, ce qui signifie qu'on gagne en moyenne 1,47 centime par partie.
- Combinaison périodique « 2 fois A, puis 2 fois B, etc. ». On choisit

de jouer deux fois de suite le jeu A puis deux fois le jeu B et on recommence indéfiniment selon le même schéma. L'espérance de ce jeu combiné est de +0,0148 ; on gagne en moyenne 1,48 centime par partie.
- Combinaison périodique « 1 fois A, puis 2 fois B, etc. ». L'espérance est encore meilleure : +0,058 ; on gagne en moyenne 5,8 centimes par partie.

Comment comprendre cela ? Pourquoi notre bon sens est-il piégé ? Une vision claire est-elle possible ? L'explication profonde de ce qui se passe dans le cas du paradoxe de Parrondo provient de ce que le jeu B est composé d'un jeu perdant et d'un jeu gagnant. Le jeu gagnant est battu par le jeu perdant quand on joue B seul mais s'impose plus fréquemment quand B est mélangé à A. Pour saisir comment deux jeux perdants peuvent engendrer un jeu gagnant et vous persuader qu'on ne doit pas s'en étonner, examinons un autre exemple, plus net, plus clair et plus spectaculaire que le paradoxe original.

Voici une variante du paradoxe de Parrondo, due à Roland Yéléhada et dénommée « mégaparadoxe de Parrondo ».
On considère deux jeux utilisant un jeton à deux faces, l'une noire, l'autre blanche ; ce jeton sera le lien entre les deux jeux.

Jeu X : on tire à pile ou face avec une pièce non truquée. Selon que le jeton montre son côté blanc ou son côté noir, on opère différemment.

- Quand le jeton montre son côté blanc :

    o si on a « pile », le joueur gagne 3 euros (et ne touche pas au jeton) ;
    o si on a « face », le joueur perd 1 euro et retourne le jeton.

- Quand le jeton montre son côté noir :
    o si on a « pile », le joueur gagne 1 euro (et ne touche pas au jeton) ;
    o si on a « face », le joueur perd 2 euros (et ne touche pas au jeton).

Le jeu X est perdant. En effet, même si le jeton montre au départ son côté blanc et donc que le jeu est momentanément favorable au joueur, il finira par être retourné, ce qui conduira à un jeu défavorable, dont le joueur ne sortira plus puisque le jeton ne sera plus retourné et restera noir. L'espérance du jeu

X tendra vers $-0{,}5$ euro par partie. La simulation numérique confirme ce résultat.

Jeu Y : on tire à pile ou face avec une pièce non truquée.

- Quand le jeton montre son côté noir :
    o si on a « pile », le joueur gagne 3 euros (et ne touche pas au jeton) ;
    o si on a « face », le joueur perd 1 euro et retourne le jeton.

- Quand le jeton montre son côté blanc :
    o si on a « pile », le joueur gagne 1 euro (et ne touche pas au jeton) ;
    o si on a « face », le joueur perd 2 euros (et ne touche pas au jeton).

Comme le jeu X, le jeu Y (qui est le même que le jeu X en échangeant le rôle du noir et du blanc) est perdant et son espérance est $-0{,}50$ euro par partie. Pourtant, toutes les combinaisons simples des jeux X et Y donnent des jeux gagnants.

Par exemple, considérons la combinaison périodique $X + Y$. On choisit de jouer une fois le jeu X puis une fois le jeu Y et on recommence indéfiniment selon le même schéma. L'espérance de ce jeu combiné est de $+0{,}50$, alors on gagne en moyenne 50 centimes par partie.

3 DILEMME DU PRISONNIER

Passons directement aux jeux de joueurs rationnels.

Dilemme du prisonnier

Le plus célèbre des problèmes modèles est probablement le soi-disant dilemme du prisonnier. Il a été énoncé en 1950 par Albert W. Tucker à Princeton [44] mais formulé avant lui par Merrill Flood et Melvin Drescher [16].

Formulons-le comme suit :

Dilemme du prisonnier : Le procureur du district de Chicago sait que Frankenstein et Dracula sont des gangsters coupables d'un crime grave mais il ne peut pas les faire condamner si aucun d'eux ne l'avoue. Il ordonne de les arrêter et individuellement (ils ne pouvaient pas s'entendre de toute façon) il les interroge en leur faisant la même offre :

Si vous admettez votre culpabilité et que votre complice ne veut pas avouer, alors vous rentrez chez vous et êtes libre car nous pouvons oublier que vous êtes complice grâce à votre confession. Si vous n'êtes pas prêt à admettre votre culpabilité mais que votre complice l'admet, vous serez alors reconnu coupable et condamné à la peine maximale de prison. Si vous avouez tous les deux, vous serez tous deux condamnés mais pas à la peine maximale. Si aucun de vous deux ne confesse, alors je vous mettrai tous les deux en prison pendant un certain temps, et, vous pouvez être sûr, je trouverai la raison

Ici, il s'agit d'un procureur pas très honnête qui pourrait inventer une histoire pour jeter en prison ces personnages.

Théorie des jeux pour débutants

 Dans ces conditions, Frankenstein et Dracula jouent à un jeu. Il existe deux stratégies pour chacun d'eux: « Dénoncer » et « Se taire ».

Acceptons d'écrire chaque situation possible comme une paire de stratégies sélectionnées, pour laquelle Frankenstein est en premier lieu et Dracula en second. Par exemple, la paire (« Dénoncer », « Se taire ») signifie que Frankenstein a dénoncé Dracula, qui pensait qu'il était bien gentil.

Puisque personne ne veut rester en prison et surtout rester longtemps en prison, nous supposerons que le but de chaque joueur est de minimiser sa peine d'emprisonnement. Nous écrirons le terme sous forme de nombres indiquant la perte de points.

Considérons toutes les situations possibles permettant de composer la soi-disant **Matrice des Paiements** de ce jeu. Chaque cellule de cette matrice contient une paire de nombres montrant les gains des joueurs lors du choix d'une paire de stratégies donnée.

1. Imaginons que Frankenstein choisisse le silence et Dracula avoue, alors Frankenstein est présenté comme le seul coupable et il est condamné à une peine maximale de 10 ans. Nous enregistrons ce résultat comme -10 points pour Frankenstein pour la stratégie (« Se taire », « Dénoncer ») et 0 points pour Dracula pour cette stratégie.
2. Si Frankenstein avoue et que Dracula est silencieux, alors Frankenstein est libéré – attribuons à Frankenstein 0 point en stratégie (« Dénoncer », « Se taire ») et à Dracula -10 points.
3. Si les deux décident de cacher tous leurs secrets, on obtient une stratégie (« Se taire », « Se taire »). Selon les règles, dans ce cas, le procureur de district fabriquera une petite affaire et tous deux iront en prison pour 1 an. Nous notons -1 point pour chacun avec cette stratégie.
4. Enfin, si les deux admettent leur culpabilité, normalement ils devraient être emprisonnés pendant 10 ans mais comme la reconnaissance est une circonstance atténuante, ils se retrouvent

Avec 9 ans de prison. Écrivons pour les deux −9 en termes de stratégie (« Dénoncer », « Dénoncer »).

		Dracula	
		« Se taire »	« Dénoncer »
Frankenstein	« Se taire »	(−1 ; −1)	(−10 ; 0)
	« Dénoncer »	(0 ; −10)	(−9 ; −9)

Notez que nous avons un problème : ni Dracula ni Frankenstein ne sait quelle stratégie l'autre adoptera. Sinon, ils pourraient uniquement regarder la ligne ou la colonne correspondant à la stratégie de l'autre joueur et choisir le meilleur résultat parmi ceux qui leur sont proposés.

Dans ce jeu, en fait tout est simple : quelle que soit la stratégie choisie par l'adversaire, la reconnaissance conduit toujours à la maximisation des points. Mais dans ce cas, les deux joueurs avouent et tous deux iront en prison pour 9 ans bien qu'ils puissent tous les deux garder le silence et ne recevoir qu'un an d'emprisonnement.

Comment ? Pourquoi les actions rationnelles de deux personnes ont-elles conduit à un résultat aussi irrationnel ? Et c'est le dilemme ...

Nous venons de compiler une matrice des paiements. Introduisons immédiatement la définition suivante.

Définition 7. Jeu sous forme normale est la spécification de l'espace des stratégies et des fonctions de paiement de chaque joueur à toutes les étapes possibles du jeu. Il s'agit de la description d'un jeu sous forme de matrice. Les deux côtés de la matrice sont des joueurs. Les stratégies du premier joueur sont définies par des lignes, les stratégies du second par des colonnes et l'intersection des lignes définit les gains des joueurs.

En fait, les critiques de la théorie des jeux n'aiment pas du tout le dilemme du prisonnier car ils voient que Dracula et Frankenstein s'en sortiraient mieux s'ils étaient tous les deux silencieux. Si l'amie de Dracula, Mina Harker avait été capturée à la place de Frankenstein, tous deux auraient probablement gardé le silence. En fait, si les gens n'ont pas eu la possibilité de se concerter avant le jeu, les actions de la plupart seront assez égoïstes. Si vous surfez sur YouTube, vous trouverez des exemples d'émissions de télévision basées sur le dilemme du prisonnier comme l'émission « Golden Balls ».

L'une des nombreuses tentatives pour résoudre le paradoxe de la rationalité dans le dilemme des prisonniers consiste à utiliser la symétrie du jeu en traitant Dracula et Frankenstein comme des jumeaux.

Cela ressemble à ceci :

Deux personnes rationnelles confrontées au même problème arriveront à la même conclusion. Par conséquent, Dracula doit supposer que Frankenstein fera le même choix que lui. Donc, soit les deux vont en prison pendant neuf ans, soit ils vont tous les deux en prison pendant un an. Puisque cette dernière option est préférée, Dracula devrait se taire. Puisque Frankenstein est son jumeau, il raisonnera de la même manière et se taira également.

Mais il y a un problème : cela transforme en fait ce jeu en un jeu à un seul joueur, c'est-à-dire que le dilemme cesse d'être un dilemme en tant que tel. Le dilemme réside dans l'**indépendance** des décisions prises par les joueurs.

Le dilemme du prisonnier est une histoire de jouet stylisé. Vous ne vous attendez peut-être pas à vous retrouver dans une telle situation, mais des effets similaires sont partout autour de nous. Considérons ce « dilemme » avec un grand nombre d'acteurs, parfois qualifié de « tragédie communautaire ». Par exemple, il y a des embouteillages sur les routes et j'ai le choix de me rendre au travail en voiture ou en bus. D'autres font de même. Si je prends la voiture, et que tout le monde le décide en même temps, il y aura un embouteillage mais aurons tous notre confort. Si je prends le bus, il y aura toujours un embouteillage, mais je moins à l'aise et cela sera moins rapide, donc ce résultat est encore pire. Si tout le monde voyage en bus, alors moi, ayant fait de même, j'arriverai à mon travail assez rapidement sans embouteillage. Mais si, dans de telles conditions, j'y vais en voiture, j'y arriverai aussi rapidement, mais aussi avec confort. Ainsi, la présence d'un embouteillage ne dépend pas de mes actions. L'équilibre de Nash est là : dans une situation où tout le monde choisit d'aller en voiture. Quoi que les autres fassent, je ferai mieux de choisir une voiture car qu'il y ait embouteillage ou pas, ce qui est impossible à savoir à l'avance, j'y arriverai confortablement dans tous les cas. C'est la stratégie dominante. Donc au final, tout le monde conduit sa voiture et arrive ce qui arrive. Un des objectifs de l'État étant de faire du bus la meilleure option pour le plus grand nombre, il y a donc des péages urbains, des parkings, etc. Dans ce cas, les matrices des payements changent et l'équilibre devient différent.

Une autre histoire classique aborde l'ignorance rationnelle de l'électeur. Imaginez que vous ne connaissez pas à l'avance le résultat des élections. Vous pouvez étudier le programme de tous les candidats, écouter les débats et voter pour le meilleur. La deuxième stratégie consiste à se rendre au bureau de vote et à voter au hasard ou pour celui qui a été reçu le plus souvent à la télévision. Quel est le comportement optimal si mon vote ne détermine jamais qui gagne (et dans un pays de 67 millions d'habitants, aucun vote ne décidera jamais rien) ? Bien sûr, je veux que le pays ait un bon président mais je sais que personne d'autre n'étudiera attentivement les programmes des candidats. Par conséquent, ne pas perdre de temps avec ce sujet est la stratégie de comportement dominante.

Dilemme du prisonnier dans un groupe. Jeu des entreprises concurrentes

Puisque vous avez probablement plus d'un ami, vous pouvez jouer le simple jeu de dilemme du prisonnier avec l'un d'eux. Il existe des versions légèrement différentes de celle-ci.

Un jeu similaire a été joué par le professeur Raymond C. Battalio de Texas A&M University [46].

Imaginez que vous êtes tous propriétaires d'entreprises hypothétiques et que vous devez tous décider de la quantité de bicornes que votre entreprise produira. Cette décision doit être écrite sur un morceau de papier, indépendamment des autres. Les feuilles doivent être signées et jetées par exemple dans un chapeau.

Si vous voulez produire 1 bicorne, l'offre globale reste faible et par conséquent, le prix restera élevé.

Si vous souhaitez produire 2 bicornes, vous recevrez un revenu supplémentaire au détriment des autres mais le prix diminuera.

Afin de ne vous faire perdre complètement dans l'économie, laissez vos gains se réaliser selon le schéma suivant

Nombre de personnes, qui ont produit 1	Le gain de chacun qui a produit 1	Le gain de chacun qui a produit 2
0	0	7
1	1	8
2	2	9
3	3	10
4	4	11
5	5	12
...	...	...
20	20	27
...	...	...

Ainsi les personnes qui ont choisi de produire 2 bicornes obtiendront toujours 7 points de plus que les personnes qui ont choisi de n'en produire qu'un. Mais d'un autre côté, plus les gens choisissent de produire 2 bicornes, moins leur gain cumulé est important.

Vous pouvez également jouer au même jeu mais alors vous devez d'abord discuter de votre stratégie les uns avec les autres.

Vos résultats ont-ils changé lorsque vous avez d'abord discuté de vos stratégies ? Si oui, pensez à quoi cela pourrait être lié ?

Les expérimentations avec un véritable gain monétaire faites à MIPT ont montré que la plupart des participants ont fait le choix de produire deux bicornes. Les jeux pour les employés de RATP Smart Systems étaient sans récompense réelle. Ainsi, les choix se sont distribués de manière équiprobable.

La portée théorique et pratique de ce dilemme est immense. D'un point de vue théorique, il prouve très simplement que l'intérêt individuel peut être violemment contradictoire avec l'intérêt collectif : on trouve là une limite claire à la conception libérale de l'économie qui postule l'existence d'un mécanisme naturel (la « main invisible » d'Adam Smith [42] ou « le commissaire-priseur » de Léon Walras [47]) permettant d'atteindre au bien-être collectif par la seule recherche du bien-être individuel.

Dilemme du prisonnier en politique

En politique aussi vous pouvez rencontrer le dilemme du prisonnier. Imaginons deux États impliqués dans une course aux armements. Ils ont le choix entre deux stratégies : augmenter les armements et leurs dépenses, ou réduire les uns et les autres. Dans ce cas, les postulats du dilemme du prisonnier sont évidemment remplis ($D > C > d > c$) :

- D – « nous nous sommes armés, mais l'ennemi – non » – meilleur des cas, plus grande sécurité. Et nous pouvons également conquérir un deuxième pays !
- C – « personne ne s'est armé » – si aucun n'a d'armée, la paix règne et les pays n'ont pas de dépenses militaires. La situation de coopération permettant à chacun de ne pas avoir d'armée est évidemment préférable à la situation où les deux pays en entretiennent une  mais elle est instable : chacun des deux pays a une forte incitation à se doter unilatéralement d'une armée pour dominer l'autre.
- d – « les deux sont armés » – Si tous deux ont des armées de force à peu près équivalente, la guerre est moins « tentante » car très coûteuse ; c'était la situation de la guerre froide. Les dépenses militaires et la course aux armements sont alors une perte nette pour les deux pays.
- c – « nous ne nous sommes pas armés, mais l'ennemi est armé » – Si un seul a une armée, il peut évidemment conquérir sans coup férir l'autre ce qui est pire. Une vraie catastrophe, n'est-ce pas ?

Du point de vue du premier pays si le second ne s'arme pas, alors pour lui le choix se situe entre D et C et il vaut mieux s'armer. Si le deuxième pays s'arme, alors pour le premier, le choix est entre d et c et encore une fois il vaut mieux et ce sera plus calme de s'armer. Ainsi quel que soit le choix du deuxième pays, il vaut mieux pour le premier s'armer. La situation pour le deuxième pays est tout à fait similaire et par conséquent les deux chercheront une expansion militaire.

Les biens publics et privés

Afin de faciliter la mathématisation des décisions prises dans certains problèmes, nous exprimerons deux définitions issues de l'économie :

Définition 8. Bien public est un bien non rival et non excluable.

La consommation de ce bien par un agent n'affecte donc pas la quantité disponible pour les autres agents (non-rivalité). Un bien public pur est un bien non rival et non excluable, il est difficile de faire payer l'accès à ce bien (non-excluabilité). Ce sont par exemple, les routes, les forêts, les bancs dans la rue. Les chaînes YouTube peuvent aussi être considérées comme un bien public. C'est un bien non rival au sens où lorsqu'un agent regarde YouTube il n'empêche aucun autre agent de le regarder. C'est un bien non excluable au sens où les technologies d'Internet ne permettent pas de restreindre l'accès à ce bien à ceux qui le financeraient. Aussi la notion de bien public mondial (ou bien public global) désigne des biens publics très étendus comme la qualité de l'air, la biodiversité ou la situation climatique mondiale. Ou même la situation épidémiologique mondiale. Ce sont des questions assez débattues ces jours-ci, n'est-ce pas ?

Définition 9. Bien privé est un bien rival et excluable.

La possession d'un bien privé signifie que seul le propriétaire de ce bien (personne physique ou morale) peut déterminer quel peut être l'usage qui peut en être fait. La rivalité pour un bien est le fait que si je consomme ce bien, alors quelqu'un d'autre ne peut pas le consommer également. De fait, un bien est dit excluable si certaines personnes n'y ont pas accès.

Il existe d'autres types de biens mais la classification en deux dimensions proposée par Ostrom et Ostrom en 1977 [33] est toujours considérée classique pour les biens privés et publics.

Nous allons maintenant formuler un problème de modèle très simple lié au concept de bien public.

Supposons que nous ayons un tout petit pays avec deux citoyens vivant dans la même maison. Chaque personne peut soit payer 3 euros pour installer un répulsif contre les moustiques, soit ne pas l'acheter. Si au moins un effaroucheur est installé, tout va bien mais si ce n'est pas le cas, les citoyens seront mordus par les méchants moustiques du paludisme, et ils devront dépenser 2 euros chacun pour le traitement.

Ce problème peut être formulé en utilisant le langage des matrices de paiements.

		Gargantua	
		Ne pas acheter	Acheter
Pantagruel	Ne pas acheter	(2 ; 2)	(0 ; 3)
	Acheter	(3 ; 0)	(3 ; 3)

Là encore, il est clair que chacun espèrera un geste de l'autre et devra être traité. Et s'ils étaient amis, ils pourraient simplement verser 1euro50 chacun et tout le monde y gagnerait...

Problème du passager clandestin

Mais que se passe-t-il si l'on considère un problème avec un plus grand nombre d'acteurs ?

Le fait qu'un ou plusieurs individus puisse profiter d'un bien, d'une ressource ou d'un service commun en cherchant à éviter de verser une contribution ou à la minorer a été constaté dès l'Antiquité et régulièrement commenté, notamment à l'époque moderne. On peut observer que Glaucon dans la République de Platon [2] voit la logique de son argument contre l'obéissance à la loi si un seul peut échapper à la sanction pour violation. Les premiers lecteurs de Platon s'étonnent souvent que le cher vieux Socrate ne semble pas comprendre sa logique, et insiste sur le fait qu'il est de notre intérêt d'obéir à la loi indépendamment de l'effet dissuasif de sanctions.

L'argument d'Adam Smith en faveur de la main invisible qui maintient les vendeurs compétitifs plutôt que dans la collusion se veut un exemple fondamentalement important et bénin, voire bénéfique, de la logique de l'action collective.

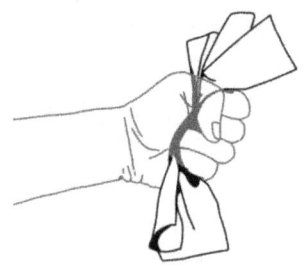

Smith dit que chaque producteur « *ne vise que son propre profit, et il est en cela, comme dans beaucoup d'autres cas, conduit par une main invisible à promouvoir une fin qui ne fait pas partie de son intention. Il n'est pas non plus toujours pire pour la société qu'elle ne fasse pas partie de [la fin visée par l'individu]. En poursuivant son propre intérêt, il promeut souvent celui de la société plus efficacement que lorsqu'il a vraiment l'intention de la promouvoir* » [42].

Le revers de la main invisible réduit les efforts de collusion sur les prix, poussant ainsi les producteurs à innover.

John Stuart Mill [28] par la même logique défend les lois revendiquant un maximum d'heures de travail. Il suppose que tous les travailleurs seraient mieux lotis si la journée de travail était réduite de, disons dix à neuf heures par jour pour tous mais aussi que chaque travailleur individuellement ferait mieux de travailler une heure supplémentaire si la plupart des autres ne le font pas. La seule façon pour eux de bénéficier d'une journée de travail plus courte serait donc de rendre illégal de travailler plus de neuf heures par jour. Je suppose que la logique de travailler moins vous plaît (si on touche le même salaire, bien sûr !). La France est assez connue dans le monde de ce point de vue avec ses 35 heures de travail par semaine à temps plein.

Quittons la politique et considérons maintenant les RER et les « passagers clandestins » ? Que se passe-t-il si tous les passagers arrêtent de payer leurs billets et deviennent des « passagers clandestins » ?

– Tous ? Impossible !

– D'accord, la plupart.

— Cela est impossible. Premièrement il y a des contrôleurs et des amendes. Deuxièmement il y aura toujours des « personnes honnêtes ».

— D'accord ! Que les « passagers clandestins » soient seulement 20%. Ceci est crédible. Les personnels des transports en commun perdront un cinquième de leurs revenus. Cela entraînera une hausse des prix des voyages. Les passagers consciencieux paieront pour les passagers fraudeurs.

Mais ce n'est qu'un aspect du problème du « passager clandestin ». Si les gens ont vraiment besoin de voyager, ils n'arrêteront pas de se déplacer lorsque le tarif augmentera.

Voici une situation différente. Imaginons une zone rurale et un groupe d'agriculteurs-producteurs. Les agriculteurs ont décidé d'investir dans la construction d'une route qui réduirait le coût de livraison des produits et qui le rembourserait rapidement. Ce qui serait bénéfique pour tout le monde. Il se trouve qu'un agriculteur a décidé de ne pas investir ses propres fonds, sachant que la route sera de toute façon construite sans lui. Dès que son voisin a découvert cela, il a également décidé de refuser. En conséquence, la route n'a jamais été construite.

Un autre exemple concerne le transport de marchandises en Chine dont j'ai pris connaissance dans le livre de Stephen Landsburg [24]. Il y a 100 à 150 ans, une méthode de transport de marchandises était répandue en Chine : il y avait des barges pilées qui étaient traînées par six personnes. Les clients ne payaient que lorsque les marchandises étaient livrées à temps. Imaginez que vous soyez l'une des six personnes. Vous pouvez faire un effort et tirer de toutes vos forces. Si tout le monde fait de même, la charge arrivera à temps. Si quelqu'un ne le fait pas, tout le monde arrivera également à l'heure. Du coup chacun pense : « Si tout le monde tire correctement, pourquoi devrais-je le faire et si tout le monde ne tire pas de toutes ses forces, alors je ne peux rien changer. » En conséquence, au moment de la livraison, comme tout allait très mal, les déménageurs ont trouvé eux-mêmes une solution : ils ont embauché une septième personne et l'ont payée pour qu'elle fouette les paresseux. Sa présence même les faisait travailler de toutes leurs forces, sinon tous tomberaient dans un déséquilibre dont aucun individuellement ne pourrait sortir avec profit.

Le même exemple peut être observé dans la nature. Un arbre poussant dans un jardin diffère d'un autre poussant dans une forêt par sa couronne. Dans le premier cas, elle entoure tout le tronc, dans le second, ce n'est qu'au sommet. Dans la forêt, on parle d'"équilibre de Nash. Si tous les arbres se mettaient d'accord et poussaient de la même manière, ils distribueraient également le nombre de photons, et tout le monde serait mieux. Mais il n'est rentable pour personne de le faire. Par conséquent, chaque arbre veut devenir légèrement plus grand que ceux qui l'entourent.

Le problème du passager clandestin dans la théorie des biens collectifs n'est pas que son comportement soit contraire à l'éthique. C'est que la présence d'individus avec une telle stratégie peut conduire au fait que l'action collective n'aura pas lieu.

La présence de ces « parasites », prêts à utiliser la ressource commune « gratuitement », peut conduire le reste des membres du groupe à abandonner le projet commun.

Jeu avec contribution au fond commun

Nous vous proposons, selon la tradition, un jeu auquel vous pouvez jouer avec vos amis.

Puisqu'il ne s'agit pas d'un jeu dit à somme nulle, il est plus simple d'y jouer pour des points que pour des centimes. Avant chaque tour, chaque joueur reçoit 10 points.

Vous devez décider de la part du montant que vous garderez pour vous et de la somme que vous donnerez au fond commun.

Après cela, le présentateur doublera le montant du fond général et le partagera à parts égales entre absolument tous les participants du jeu, qu'ils aient versé des contributions au fond ou qu'ils aient conservé la totalité du montant pour eux-mêmes.

Comme dans les jeux précédents, sur des morceaux de papier avec votre nom, vous devez inscrire le montant de votre contribution au fond général. Après cela, le présentateur résume les résultats du tour.

En fait, ici comme dans tous les jeux précédents, garder le montant total pour soi est la stratégie dominante. Expliquons cela.

Soit un groupe de quatre joueurs. Indépendamment des actions des autres, si le premier décide d'attribuer 2 points au fond commun, le montant de cette somme sera doublé et deviendra égal à 4 points. Mais en même temps, 3 points iront aux autres, et ce premier joueur n'aura qu'un seul point, ce qui signifie qu'il perdra encore plus d'argent s'il investit plus et gagnera si la taille de sa contribution est réduite. Il est intéressant de noter qu'une telle stratégie est localement bénéfique pour le joueur, que d'autres investissent ou non dans le fond.

Puisque chaque participant compte sur le fait qu'il bénéficiera du fait de devenir « passager clandestin » sans avoir à apporter de fond au fond, cette stratégie devient dominante. Tous ne contribueront pas au fond et par conséquent ils ne recevront aucun gain ! C'est comme s'il n'y avait que des passagers clandestins dans le bus et que le chauffeur ne partait pas (et c'est bien qu'il n'appelle pas la police). Pourtant il suffirait à chacun de contribuer à hauteur de 10 points pour que tout le monde bénéficie par le jeu des contributions au fond commun, comme nous l'avons montré précédemment. Cela n'est pas seulement un objet d'expérience de laboratoire ou de recherche théorique ; ce jeu se joue dans le monde réel dans des cas d'interaction sociale où un bien commun ne peut être créé que par la contribution volontaire des membres du groupe mais l'accès à celui-ci ne peut être refusé aux membres du groupe qui n'ont pas contribué à la cause commune. La variante la plus intéressante de ce jeu se produit peut-être lorsque les joueurs ont la possibilité de punir ceux qui violent l'accord de coopération sociale par défaut. Cependant les coûts associés doivent être pris en charge par tous les participants. Une fois que le jeu avec les contributions au fond commun est terminé, les informations sur la contribution de chaque joueur sont communiquées à tous les autres. Ensuite, la deuxième étape du jeu se déroule lorsque chaque joueur peut prendre des mesures visant à réduire les gains des autres. Cela lui coûtera (par exemple, un tiers de point) pour chaque réduction qu'il aura

choisie. En d'autres termes si un joueur décide de réduire les gains d'un des adversaires de trois points, cela lui coûtera un point. Les points libérés grâce à une telle réduction ne sont transférés à personne d'autre mais reversés à la caisse de l'expérimentateur.

En utilisant la même logique, les opérateurs du transport engagent des contrôleurs. Leur embauche impacte les prix des billets, mais en même temps leur action vise à empêcher les fraudes et donc à limiter les pertes d'opérateurs et donc celles des usagers.

Un peu de classification et de termes

Nous avons déjà construit des matrices de paiements pour deux jeux, faisons maintenant une petite généralisation.

En 1944, Oskar Morgenstern et John Von Neumann ont publié le livre « Game Theory and Economic Behavior » (Théorie des jeux et comportement économique) [30], dans lequel :

- La définition d'un « jeu » est formulée comme l'activité de deux ou plusieurs participants (joueurs) dans laquelle des conditions spécifiques de victoire et de perte sont définies et où tous les participants peuvent disposer de certaines ressources et interagir les uns avec les autres à la poursuite d'un seul objectif : « gagner » et alors ils doivent prendre des décisions en fonction du comportement des autres joueurs.
- Une méthode de recherche de stratégies optimales dans un tel jeu (conduisant à une « victoire » avec une certaine probabilité) est décrite mathématiquement.

John von Neumann (1903-1957) est un mathématicien et physicien américano-hongrois. Il a apporté d'importantes contributions dans beaucoup de domaines. Le sujet de ce livre est plutôt lié à celles concernant l'économie. En réalité, jusqu'aux années 1930, l'économie (du moins dans ses courants majeurs de l'époque) a utilisé un grand nombre de données chiffrées mais sans réelle rigueur scientifique. Elle a ressemblé à la physique du XVIIe siècle dans l'attente d'un langage et d'une méthode scientifique pour exprimer et résoudre ses problèmes. Alors que la physique classique a trouvé la solution dans le calcul infinitésimal, von Neumann propose pour l'économie, dans le souci axiomatique qui le caractérise, la théorie des jeux et la théorie de l'équilibre général.

Définition 10. La **somme du jeu** est le total des gains et des pertes.

Définition 11. Dans un **jeu à somme nulle**, le gain d'un côté est égal à la perte de l'autre. Certains jeux de cartes comme le poker ou le bridge sont des jeux à somme nulle. Il y a aussi des jeux à somme négative par exemple les loteries (si vous comptez la somme des participants et excluez les organisateurs).

Une équipe agissant dans son ensemble peut également être considérée comme un joueur.

Définition 12. Un **jeu antagoniste** est un jeu à deux joueurs avec une somme nulle : le gain d'un joueur se transforme en une perte pour l'autre.
La première contribution significative de von Neumann, en 1928, est le théorème du minimax qui énonce que dans un jeu à somme nulle avec information parfaite (chaque joueur connaissant les stratégies possibles de son adversaire et leurs conséquences), chacun dispose d'un ensemble de stratégies privilégiées (« optimales »). Entre deux joueurs rationnels il n'y a rien de mieux à faire pour chacun que de choisir une de ces stratégies optimales et de s'y tenir.

Il y a des jeux avec plus de deux participants. Ces jeux peuvent être divisés en deux classes : **coopératifs**, lorsque plusieurs participants sont autorisés à entrer dans une coalition (par exemple, dans le jeu de cartes Préférents, appelé aussi Russian Preference, en jouant un « misère », généralement deux joueurs jouent contre un au sein de même partie). Dans les jeux **non coopératifs,** chaque participant ne joue que pour lui-même.

Dans les jeux de sport, collectifs (football, hockey) ou individuels (échecs), chaque match ou partie est un jeu à somme nulle basé sur les résultats (match nul, victoire, défaite). Bien que les scores globaux apparaissent dans les tables de tournois, aux échecs par exemple, ce sont précisément les « plus » (la différence entre les parties gagnées et perdues) qui sont comptabilisés. Dans le football, en relation avec la lutte contre les nuls, un match nul n'est rentable pour aucun des deux. Mais si nous prenons les points marqués, alors le tournoi est un match avec une somme positive.

Équilibre de Nash

John Forbes Nash (1928-2015) a été nommé deuxième étoile de la théorie des jeux après von Neumann. Né en 1928, il a étudié les mathématiques à Princeton et a développé rapidement un intérêt pour la théorie des jeux. Dans sa thèse (1950) [31], Nash, âgé de vingt-deux ans, a formulé un concept destiné à changer la théorie des jeux. Au fait, le film « Un homme d'exception » a été tourné en s'inspirant de sa vie, et je vous recommande vivement de le regarder.

Le terme « équilibre de Nash » est tellement devenu populaire que Nash lui-même deviendrait millionnaire s'il était payé un dollar à chaque mention faite. En tout cas, il est devenu professeur au MIT. Et aussi Nash est le seul mathématicien et économiste à avoir été lauréat à la fois du prix Nobel d'économie en 1994 et du prix Abel pour les mathématiques en 2015.

Au début Nash a étudié le jeu de deux joueurs avec une somme non nulle puis l'objet de sa recherche a concerné des jeux non coopératifs avec trois participants ou plus. Nash a d'abord mis en avant le concept d'équilibre dans de tels jeux puis a prouvé qu'il existe pour tous les jeux finis avec un nombre quelconque de joueurs. Avant lui, von Neumann n'avait prouvé l'équilibre que dans les parties à somme nulle de deux joueurs.

Les recherches de John Nash lui ont valu le prix Nobel d'économie en 1994 en collaboration avec John Harsagni et Reinhard Selten. Le comité Nobel a expliqué que Harsanyi avait été récompensé pour « avoir étendu l'équilibre de Nash à la classe des jeux avec des informations incomplètes » et Selten pour avoir enrichi cet équilibre.

On voit que l'équilibre de Nash a conduit trois scientifiques au prix Nobel (bien qu'il s'agisse de mathématiques, le prix a été décerné pour l'économie, les mathématiciens ne recevant pas de prix Nobel). Alors qu'est-ce donc que ce fameux équilibre de Nash ?

Définition 13. L'équilibre de Nash est une situation de jeu dans laquelle aucun des joueurs ne peut améliorer sa position en changeant unilatéralement sa stratégie, et sans que les autres joueurs n'en changent eux-mêmes.

Chacun des joueurs de l'équilibre de Nash est conscient des stratégies possibles des autres joueurs et choisit donc pour lui-même la meilleure dont il dispose. Dans l'équilibre de Nash, le principe de « l'annonce » opère : si tous les joueurs annoncent leurs stratégies, aucun d'entre eux ne veut changer la sienne. Ce qui conduit à la conclusion qu'il n'est rentable pour aucun des acteurs de changer unilatéralement de stratégie : le système est en équilibre. Pour le maintenir, aucune force extérieure n'est requise, chacun des joueurs essaie de mettre en œuvre sa propre stratégie dans les conditions actuelles, et il n'est rentable pour aucun de rompre l'équilibre. C'est là que réside la différence entre les jeux coopératifs et non coopératifs : pour la stabilité des premiers, des forces externes (par exemple un tribunal) peuvent être nécessaires, ce qui n'est pas le cas des seconds.

Malheureusement, il existe des situations où un état aussi stable survient dans une situation défavorable à tout le monde. Si tout le monde changeait de stratégie, le système arriverait à un état plus favorable pour tous mais cela nécessiterait leur coopération ce qui est impossible dans les jeux non coopératifs et la tentative de l'un des joueurs de changer la stratégie pour lui-même conduirait à des résultats encore pires. Le dilemme du prisonnier mentionné plus haut est l'un des cas d'un équilibre de Nash toujours mauvais pour tout le monde.

Optimum de Pareto

Parmi les deux types de jeux possibles nous n'avons jusqu'à présent considéré que les jeux non coopératifs, c'est-à-dire ceux dans lesquels chaque joueur est égoïste et ne veut maximiser que son propre gain ou minimiser sa perte. La question se pose : pourquoi, par exemple dans le dilemme du prisonnier, les acteurs ne peuvent-ils pas s'entendre sur les stratégies à utiliser ? Les critiques de l'analyse par le jeu du dilemme du prisonnier soutiennent que le comportement rationnel qui mène à des situations plus avantageuses pour toutes les situations ne concerne pas les individus mais les groupes. Par conséquent, ils pensent que la stratégie optimale d'un joueur seul sera d'atteindre l'objectif optimal pour le groupe dans son ensemble. La théorie de la classe ouvrière de Karl Marx est une manifestation de ce type de pensée.

Vilfredo Pareto (1848-1923), sociologue et économiste italien a contribué par ses travaux à l'étude de la distribution du revenu et de l'analyse des choix individuels. Il introduit le concept d'efficacité et aide au développement du champ de la microéconomie avec des idées telles que la courbe d'indifférence. Peut-être avez vous déjà entendu parler du « Principe de Pareto ». Aussi appelé loi de Pareto, principe des 80-20 ou encore loi des 80-20, il s'agit d'un phénomène empirique constaté dans certains domaines : environ 80% des effets sont le produit de 20% des causes. Bien que les travaux de Pareto n'impliquent pas nécessairement une répartition 80-20, le qualiticien Joseph Juran utilise en 1954 l'expression « principe de Pareto » pour la signifier.

Un autre terme portant son nom est lié à la théorie des jeux. Soit un système avec plusieurs indicateurs particuliers. Ce système atteint l'optimalité « **au sens de Pareto** » si l'amélioration de l'un des indicateurs entraîne la détérioration des autres.

Définition 14. Compte tenu d'une situation initiale, une **amélioration de Pareto** est une nouvelle situation où certains agents gagneront et aucun agent ne perdra.

Définition 15. Une situation est dite **dominée par Pareto** s'il existe une possible amélioration de Pareto.

Définition 16. Une situation est appelée **Pareto optimal** ou Pareto efficace si aucun changement ne peut améliorer la satisfaction d'un agent sans qu'un autre agent ne perde ou s'il n'y a pas de place pour une amélioration supplémentaire de Pareto.

Dans son « Manuel d'économie politique » [34], Pareto envisage le maximum d'ophelimité pour la société comme une propriété de l'équilibre économique général et il le définit comme la position à partir de laquelle toute petite variation augmente l'ophelimité de certains et réduit l'ophelimité d'autres.

L'orphelimité désigne l'utilité d'un bien ou d'un service ressentie par un agent économique donné à un moment donné, par opposition à l'utilité objective de ce même bien ou service. Par exemple, pour un voyageur dans le désert, un verre d'eau coûtera subjectivement beaucoup plus cher que pour une personne dans une piscine.

Ainsi le système permet des améliorations locales tant qu'elles ne nuisent à personne. Le bien-être total de la société selon Pareto est maximal dans l'état où aucun changement dans la répartition optimale obtenue ne nuit au bien-être d'au moins un objet du système. Par exemple, dans le dilemme du prisonnier, l'état « les deux sont silencieux » est optimal au sens de Pareto.

Mais encore une fois, il y a un problème. Les philosophes qui croient que ce fait montre une contradiction entre théorie des jeux coopératifs et théorie des jeux non coopératifs négligent l'importance de l'hypothèse de la théorie des jeux coopératifs selon laquelle des accords rigides peuvent être conclus. Peu importe que Darth Vader et Voldemort aient promis de respecter l'accord. Par exemple, ils peuvent accepter mais ne pas tenir leurs promesses, ou bien ils peuvent dépenser des ressources pour garantir l'inviolabilité du contrat.

La fontaine d'eau et l'optimum de Pareto

Nous discuterons ici une situation décrite dans l'article [26] d'un chercheur français.

Un restaurant administratif possède une fontaine à eau assez classique, munie de deux robinets, avec une particularité semble-t-il assez répandue : le débit total est le même que l'on actionne un robinet ou les deux. Lorsque deux personnes viennent remplir leurs carafes, en général elles le font en même temps en utilisant les deux robinets. Est-ce vraiment une bonne idée ?

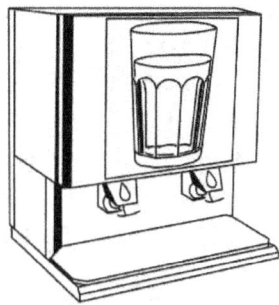

Imaginons qu'une première personne, Hensel, arrive à la fontaine pour remplir sa carafe. Juste quand elle va commencer l'opération une deuxième personne, Gretel, arrive à son tour. Cette dernière a le choix entre deux stratégies : actionner le deuxième robinet pour remplir sa carafe en même temps que Hensel, ou attendre qu'elle ait fini pour commencer.

Lorsqu'un seul des robinets fonctionne, il remplit une carafe en environ 20 secondes. Lorsque les deux robinets sont actionnés, ils remplissent chacun une carafe en 40 secondes. Si Gretel choisit d'utiliser le deuxième robinet, Hensel et lui passeront 40 secondes à la fontaine. Si par contre il choisit d'attendre, Hensel n'y passera que 20 secondes, et lui 40 (20 à attendre, 20 pour remplir sa carafe).

Gretel ne gagne donc absolument rien à se précipiter sur le deuxième robinet, alors que Hensel y perd 20 secondes. La meilleure solution globale est donc d'attendre, et de ne jamais utiliser les deux robinets simultanément.

Dans le cas qui nous préoccupe ici, il y a deux situations : celle où Gretel utilise le deuxième robinet et celle où il attend avant de remplir sa carafe. La seconde est un optimum de Pareto, mais pas la première, puisqu'il est possible d'améliorer le résultat de Hensel (réduire son temps de passage à la fontaine de 40 à 20 secondes) sans détériorer celui de Gretel (dont le temps d'attente total est de toute façon de 40 secondes).
Réfléchissez-vous aussi quels exemples de situations similaires vous avez déjà rencontrés dans votre vie ?

Pénalités pour dérogation aux stratégies

En introduisant des pénalités pour certaines actions vous pouvez modifier considérablement la matrice de paiements.

Par exemple que Frankenstein et Dracula aient signé un tel accord à l'avance : si l'un d'eux essaie d'hypothéquer l'autre, les amis de celui qu'il a hypothéqué l'attraperont et le mettront au sous-sol pendant 3 ans. Voyons comment la matrice de paiements va changer dans ce cas.

		Dracula	
		« Se taire »	« Dénoncer »
Frankenstein	« Se taire »	(−1 ; −1)	(−10 ; −3)
	« Dénoncer »	(−3 ; −10)	(−9 ; −9)

Eh bien, il est évident que maintenant le silence mutuel est un équilibre. Alors oui, ce mécanisme fonctionne très bien.

Paradoxe de Sen

Je vais finir ce chapitre par un autre paradoxe, lié à la conception de l'optimum au sens de Pareto.

Le paradoxe libéral, également appelé paradoxe de Sen, est un paradoxe logique proposé par Amartya Sen dans un article de 1970 [40]. Il prétend montrer qu'aucun système social ne peut simultanément

1. être attaché à un minimum de liberté,
2. aboutir à l'efficacité au sens de Pareto.

Ce paradoxe est controversé car il semble contredire l'affirmation libérale classique selon laquelle les marchés sont à la fois efficaces et respectueux des libertés individuelles.

L'exemple original de Sen utilisait une société simple avec seulement deux personnes et un seul problème social à considérer. Appelons ces deux membres de la société « Harry Houdini » et « David Copperfield ». Dans cette société, il existe une seule copie de la « Théorie des jeux ». Ce livre peut être donné soit à David Copperfield pour qu'il le lise (solution A), soit à Harry Houdini (B) ou bien n'être donné à aucun des deux (C).

Supposons que Harry Houdini aime ce genre de lecture et préfère lire l'ouvrage lui-même plutôt que de s'en débarrasser (B>C). Il en tirerait pourtant encore plus de plaisir du fait que David Copperfield soit obligé de le lire (A>B>C).

David Copperfield pense que le livre est indécent et qu'il devrait être rangé, c'est-à-dire ne pas être lu (il préfère, par dessus tout la solution C). Cependant, si quelqu'un doit le lire, David Copperfield préférerait que lui-même le lise plutôt que Harry Houdini (A>B). Donc pour David Copperfield C>A>B.

Compte tenu des préférences des deux individus dans la société, un planificateur social doit décider quoi faire. Le planificateur devrait-il forcer Harry Houdini à lire le livre (A), forcer David Copperfield (B) à le lire ou le laisser non lu (C) ? Plus particulièrement, doit-il classer les trois résultats possibles en fonction de leur désirabilité sociale ?

Le planificateur social libéral décide qu'il doit être attaché aux droits individuels, chaque individu doit avoir le choix de lire lui-même le livre.

Harry Houdini devrait pouvoir décider si le résultat « Harry Houdini lit » (B) sera classé plus haut que « Personne ne lit » (C).
De même David Copperfield devrait aussi pouvoir décider si le résultat « David Copperfield lit » (A) sera classé plus haut que « Personne ne lit » (C).

Suivant cette stratégie, le planificateur social

déclare que le résultat « Harry Houdini lit » sera classé plus haut que « Personne ne lit » (à cause des préférences de Harry Houdini : B>C) et que « Personne ne lit » sera classé plus haut que « David Copperfield lit » (à cause des préférences de David Copperfield C>A). La cohérence exige alors que « Harry Houdini lit » soit classé plus haut que « David Copperfield lit » et ainsi le planificateur social donne à lire le livre à Harry Houdini par le principe de transitivité B>C>A.

Mais ce résultat du planificateur libéral qui favorise les choix des individus est considéré à la fois par David Copperfield et Harry Houdini pire que « David Copperfield lit » (A).

En effet, David Copperfield préfère lire le mauvais livre à la place de Harry Houdini (A>B pour David Copperfield) et Harry Houdini trouve que le livre est tellement bon qu'il faudrait absolument que David Copperfield le lise (A>B aussi pour Harry Houdini).

Donc le résultat choisi par le planificateur libéral est Pareto inférieur. Il y a un autre résultat disponible, supérieur au sens de Pareto : celui où David Copperfield est forcé de lire le livre.

4 JEUX REPETES

Comme vous l'avez déjà compris, l'objectif principal de ce livre est de vous présenter les problèmes les plus classiques de la théorie des jeux ainsi que de comprendre leur mathématique et leur psychologie.

Chasse au cerf

Considérons le jeu « Chasse au cerf ». Dans la théorie des jeux, la chasse au cerf est un jeu qui décrit un conflit entre sécurité et coopération sociale. Il est aussi nommé « jeu d'assurance », « jeu de coordination » et « dilemme de confiance ».

Évoqué pour la première fois par Jean-Jacques Rousseau en 1755 [35], ce jeu symétrique coopératif est ainsi illustré par lui :

> *Voilà comment les hommes purent insensible-ment acquérir quelque idée grossière des engage-ments mutuels, et de l'avantage de les remplir, mais seulement autant que pouvoir l'exiger l'in-térêt présent et sensible ; car la prévoyance n'était rien pour eux ; et, loin de s'occuper d~un avenir éloigné, Ils ne songeaient pas même au lendemain. S'agissait-il de prendre un cerf, chacun sentait bien qu'il devait pour cela garder fidèlement son poste ; mais si un lièvre venait à passer à la portée de l'un d'eux, il ne faut pas douter qu'il ne le poursuivit sans scrupule, et qu'ayant atteint sa proie il ne se souciât fort peu de faire manquer la leur à ses compagnons.*

Chaque chasseur veut savoir ce qu'il veut : aller abattre un lièvre ou abattre un cerf. Chaque joueur choisit une action, ne sachant comment l'autre va agir. Si ce dernier choisit un cerf, alors il doit tirer avec lui pour réussir. En effet s'il peut tirer seul sur un lièvre, par contre seul coup ne suffira plus pour tuer un cerf.

Construisons une matrice de paiements pour ce jeu. Ici on considère comme gains les poids de bonne viande que les chasseurs obtiendront.

		Premier chasseur	
		Cerf	Lièvre
Deuxième chasseur	Cerf	(5 ; 5)	(0 ; 4)
	Lièvre	(4 ; 0)	(2 ; 2)

« Chasse au cerf » est un jeu dans lequel il y a deux équilibres : l'un domine en risque, l'autre en gain. La paire « Cerf, Cerf » domine en termes de gain, puisque les gains sont plus élevés pour les deux joueurs. En revanche, la paire « Lièvre, Lièvre » domine en termes de risque car en cas d'incertitude sur les actions d'un autre joueur, chasser un lièvre fournira un rendement attendu plus élevé. Plus les joueurs sont incertains quant aux actions d'un autre joueur, plus ils choisiront une stratégie similaire.

Nous avons introduit ici de nouveaux concepts de dominance. Que signifient-ils ?

Définition 17. L'équilibre domine **en termes de gain** dans le jeu s'il s'agit d'une amélioration de Pareto de tous les autres équilibres. L'équilibre dominant dans un jeu non coopératif donne à chacun des joueurs le plus grand gain et par conséquent chaque joueur utilise l'équilibre de gain dominant.

Définition 18. Bassin d'attraction d'équilibre est une zone dans laquelle le joueur en présence d'incertitude sur les stratégies des autres participants choisit une stratégie menant à cet équilibre.

Définition 19. L'équilibre qui a le plus grand bassin d'attraction domine **en termes de risque.**

Ces conceptions de dominance ont été définies par John Harsanyi et Reinhard Selten en 1972 [21].

Principe du minimax

Le théorème du minimax de John von Neumann (parfois appelé théorème fondamental de la théorie des jeux à deux joueurs), démontré en 1926 est un résultat important en théorie des jeux.

Revenons aux jeux à somme nulle. En eux, aux intersections des stratégies dans la matrice de paiements, ce ne sont pas des paires de nombres qui sont écrites mais un nombre qui est le montant que le premier joueur reçoit du second. Cette représentation du jeu est appelée « **jeu matriciel** ».

Définition 20. Le **point-selle** d'une matrice $(a_{ij})_{m \times n}$ est une paire de numéros de ligne i_0 et de colonne j_0 tels que pour tout i et j les inégalités $a_{ij_0} \leq a_{i_0 j_0} \leq a_{i_0 j}$ ont lieu.

En termes plus simples, le nombre $a_{i_0 j_0}$ dans la matrice avec le point-selle (i_0, j_0) est à la fois maximum dans sa colonne et minimum dans sa ligne. On peut montrer que le point-selle est le point le plus opportun pour les deux joueurs. Pourquoi ? Laissez le premier joueur choisir la stratégie i. Ensuite, les éléments de la ligne i dans la matrice signifieront ses gains possibles.
Si le deuxième joueur applique la stratégie optimale pour lui, alors le gain du premier joueur sera évidemment $min_{1 \leq j \leq n} a_{ij}$ donc, l'élément minimum dans la ligne numéro i. Ainsi, le premier joueur doit choisir une ligne pour que l'élément minimum qu'elle contient soit le plus grand parmi tous les éléments minimum des lignes, c'est-à-dire la ligne dans laquelle $min_{1 \leq j \leq n} a_{ij}$ est maximum...

Définition 21. Le nombre $\alpha = max_{1 \leq i \leq m} min_{1 \leq j \leq n} a_{ij}$ est appelé **le prix inférieur du jeu**, et la stratégie du premier joueur qui y mène est appelée **maximin**.

La stratégie maximin permet au premier joueur d'obtenir un gain garanti d'au moins α quelles que soient les actions du deuxième joueur. Le deuxième joueur s'intéresse à ce que le premier joueur gagne le moins possible. S'il choisit la stratégie j (cela correspondra à la colonne j de la matrice de paiement), alors lorsque le premier joueur choisit la stratégie i, il gagnera a_{ij}. Le premier joueur choisira évidemment la ligne avec la valeur la plus élevée dans la colonne j et, par conséquent, le deuxième joueur doit choisir une telle colonne dans laquelle cette valeur la plus élevée est minimale. Le gain du deuxième joueur avec sa meilleure stratégie sera de $-max_{1 \leq i \leq m} a_{ij}$.

Définition 22. Le nombre $\beta = min_{1 \leq i \leq m} max_{1 \leq j \leq n} a_{ij}$ est appelé **le prix supérieur du jeu**, et la stratégie du deuxième joueur qui y mène est appelée **minimax**.

Cette stratégie vous permet d'obtenir un gain garanti d'au moins $-\beta$ quelles que soient les actions du premier joueur.

Ces stratégies, minimax et maximin, sont des stratégies prudentes. Ensemble elles sont appelées stratégies « minimax », et le principe lui-même est appelé le « **principe minimax** ».

Définition 23. Si les prix inférieur et supérieur du jeu sont égaux alors le jeu est appelé un **jeu avec un point-selle**, et cette valeur correspondante est appelée **prix du jeu**.

Faisons un petit **exercice** : trouvons les prix inférieur et supérieur pour un jeu avec une matrice de paiements donnée.

$$\begin{array}{ccccc} 1 & 2 & 3 & 4 & 5 \\ 3 & 2 & 1 & 0 & -1 \\ 3 & 3 & 5 & 4 & 4 \\ 3 & 1 & -1 & 0 & 2 \end{array}$$

Solution. Trouvons le plus petit élément pour chaque ligne de la matrice. Écrivons-le à droite de la ligne correspondante. Trouvons ensuite le plus grand élément de chaque colonne. Écrivons-le sous la colonne correspondante.

$$\begin{array}{cccccc} 1 & 2 & 3 & 4 & 5 & \mathbf{1} \\ 3 & 2 & 1 & 0 & -1 & \mathbf{-1} \\ 3 & 3 & 5 & 4 & 4 & \mathbf{3} \\ 3 & 1 & -1 & 0 & 2 & \mathbf{-1} \\ \mathbf{3} & \mathbf{3} & \mathbf{5} & \mathbf{4} & \mathbf{5} & \end{array}$$

Alors le prix inférieur de ce jeu est égal à max(1; −1; 3; −1) = 3 ; le prix supérieur de ce jeu est égal à min(3; 3; 5; 4; 5) = 3.

La matrice proposée a-t-elle des points-selles ? Oui, il y en a deux, il n'y en a pas d'autres : ce sont les points à l'intersection de la troisième ligne avec les première et deuxième colonnes. Cela signifie que la stratégie optimale du premier joueur sera de choisir la troisième ligne et que de choisir la première ou la seconde colonne importe peu bien que j'aurais choisi la deuxième colonne à la place du second joueur. Pourquoi ? Parce qu'il y a des nombres généralement plus petits. Autrement dit, dans des situations égales, vous pouvez choisir celui qui est le plus rentable s'il y a une chance que votre adversaire ne soit pas aussi rationnel que vous.

Il existe des jeux dans lesquels des stratégies manifestement inappropriées peuvent être rejetées explicitement. Nous avons observé cela dans les exemples précédemment considérés. Introduisons une définition plus formelle.

Définition 24. La ligne i domine la ligne j si pour tout $k=1, \ldots, n$ est vrai que $a_{i,k} \leq a_{j,k}$ et il existe une stratégie l telle que $a_{i,l} > a_{j,l}$

La suppression de toutes les lignes dominées de la matrice ne changera pas la solution. Ce principe est utile pour réduire la taille de la matrice de paiements. Une définition et une méthode similaires pour réduire la taille d'une matrice existent aussi pour les colonnes.

Les Chapeliers fous

Étudions maintenant l'exemple qui a été discuté dans le livre de Ken Binmore [8].

Les chapeliers du Pays des Merveilles fabriquent des cylindres en carton. Vu qu'ils sont fous, ils considèrent que leur travail est gratuit, et pour eux la fonction de production n'inclut que le carton comme entrée. Ainsi, plus ils fabriquent de chapeaux, plus ils se précipitent et plus ils utilisent de carton pour chaque chapeau.

La fonction de production exacte pour le nombre de chapeaux est alors définie comme $a = \sqrt{r}$.

Cela signifie qu'un chapelier peut fabriquer $a = \sqrt{r}$ chapeaux à partir de r feuilles de carton. Par exemple, pour fabriquer un chapeau, ils n'ont besoin que d'une feuille de carton, mais pour deux chapeaux, il leur en faut déjà 4.

Alice a le monopole du commerce de la chapellerie. Le carton peut être acheté pour un dollar par feuille, et donc un cylindre coûtera 1 euro, mais deux coûteront déjà 4 euros. Ainsi, la fonction de coût total de la production peut être exprimée comme $c(a) = a^2$.

Si Alice vend des chapeaux pour p euros chacun, alors son profit après avoir vendu a chapeaux sera $\pi = a \cdot p - a^2$.

Pour savoir comment obtenir le plus de profit possible, Alice a besoin de savoir combien de chapeaux (*a*) elle peut vendre si elle les vend pour le prix *p* euros. Il est logique que moins une chose coûte cher, si elle n'est pas vitale, plus les gens l'achèteront. Au Pays des Merveilles, cette information est donnée par l'équation de la demande $30 = a \cdot p$.

Après substitution, nous obtenons $\pi = 30 - a^2$ et par conséquent, le profit sera maximal si Alice ne vend qu'un seul chapeau mais très cher.

Le monopoliste classique fixe lui-même le prix, il a tout pouvoir sur lui. Les commerçants sur un marché parfaitement concurrentiel vendent des marchandises à un montant proche du coût de production afin de gagner des parts de marché.

Qu'est-ce que la théorie des jeux a à voir avec cet exemple ? Nous allons le découvrir ci-dessous.

Supposons qu'un autre homme d'affaires spécialisé dans les chapeaux vienne au Pays des Merveilles. Appelons le Fantômas.

Laissez Alice produire *a* chapeaux et Fantômas produire *b* chapeaux. Ensuite, chaque chapeau sera vendu pour *p = 30/(a + b)* dollars. Si Alice et Fantômas essaient de maximiser uniquement leurs propres profits, qu'obtiendront-ils ?

Simplifions le problème : laissons chacun des acteurs du marché penser uniquement à un choix entre un ou deux chapeaux pour la production.

Alors, nous pouvons construire une matrice de paiements.

		Alice	
		1 chapeau	2 chapeaux
Fantômas	1 chapeau	(14 ; 14)	(9 ; 16)
	2 chapeaux	(16 ; 9)	(11 ; 11)

Dans un duopole, Alice et Fantômas essaieront de gagner plus d'argent ensemble et s'ils ne fabriquent qu'un seul cylindre chacun, c'est-à-dire seulement deux cylindres au total, ils feront chacun un profit de 14 euros.

Cependant, les joueurs essaient généralement de maximiser chacun leur propre profit. Et c'est là que se pose le dilemme du prisonnier. La production de deux chapeaux domine toujours ici. En conséquence, chacun ne reçoit que 11 euros.

Jeux répétés

Si la coopération rationnelle est impossible face au dilemme du prisonnier, comment les duopolistes peuvent-ils être d'accord dans la vraie vie ? La raison en est que le monde réel est plus complexe que les mondes fictifs. Les vrais duopolistes ne vivent pas exactement d'une seule décision, mais prennent de plus en plus de décisions jour après jour.

Le dilemme du prisonnier ne saisit pas l'essence de cette interaction économique en cours, mais nous pouvons créer un « jeu-jouet » en supposant qu'Alice et Fantômas doivent jouer à ce jeu de dilemme de prisonnier tous les jours ad vitam aeternam. Leurs gains dans ce nouveau jeu sont simplement leurs revenus quotidiens moyens.

Lorsque vous prenez au sérieux les jeux répétés, vous vous rendez compte qu'Alice et Fantômas ont un nombre très important, généralement dénombrable, de stratégies. Pour l'instant, nous en étudierons simplement trois : celle à un chapeau, celle à deux chapeaux, et celle appelée « revenge ». Cette troisième stratégie consiste à produire systématiquement deux chapeaux alors que jusque là vous n'en faisiez qu'un en vous calquant ainsi sur le jeu de votre adversaire. Si vous changez de stratégie, c'est parce que votre adversaire en a lui-même changé en fabriquant sans prévenir deux chapeaux. Du coup, pour ne par courir le risque de perdre vous faites de même désormais à chaque tour.

Si nous n'utilisons que les stratégies « 1 chapeau » et « 2 chapeaux », le dilemme répété du prisonnier est le même que celui du « one-shot » mais il existe aussi la stratégie « revenge ». Lorsque le joueur « revenge » joue avec un amateur de la même stratégie ou de la stratégie à un seul chapeau, ils font toujours un chapeau et chaque jour ils reçoivent tous les deux 14 euros.

Les choses se compliquent lorsque le joueur qui préfère la stratégie « revenge » se heurte à un « double chapeau ». Le premier jour, il fabriquera un chapeau et le second deux. Mais par la suite chaque joueur fabriquera 2 chapeaux chaque jour. Ensuite, l'un comme l'autre obtiendra un gain moyen de 11 euros car le gain du premier jour n'a pas d'importance lors du calcul des moyennes sur une période infinie.

		Alice		
		1 chapeau	Revenge	2 chapeaux
Fantômas	1 chapeau	(14 ; 14)	(14 ; 14)	(9 ; 16)
	Revenge	(14 ; 14)	(14 ; 14)	(11 ; 11)
	2 chapeaux	(16 ; 9)	(11 ; 11)	(11 ; 11)

Après nous être mis d'accord sur les valeurs obtenues, nous procédons à la matrice de paiements indiquée sur le tableau. Ce tableau n'est qu'une petite partie de la matrice globale de paiements du dilemme du prisonnier répété car nous n'avons examiné que trois stratégies comptables. Dans le tableau complet, nous pouvons observer un nombre infini d'équilibres, alors lequel choisir ? Ou bien auquel des équilibres le jeu ira-t-il ? En fait la réponse à cette question ne peut être obtenue si facilement. Généralement dans les problèmes on nous demande simplement de trouver l'ensemble des équilibres de Nash ou l'optimum au sens de Pareto ou encore une fois, on nous pose une question plus explicite.

Stratégies mixtes

Si la matrice de paiements contient un point-selle, il existe de bonnes stratégies pour les deux joueurs. Pour un jeu ponctuel, les partenaires doivent utiliser le principe minimax, que la matrice de paiements contienne ou non un point-selle. Il est conseillé d'utiliser le même principe pour les jeux répétés avec un point-selle.

La stratégie change lorsqu'il s'agit de jouer plusieurs fois à un jeu sans point-selle. Dans ce cas, la répétition constante de la stratégie peut conduire à des résultats désavantageux. Par exemple, si nous jouons au « pierre-papier-ciseaux » et ne faisons que les mêmes coups tout le temps, alors même avec un adversaire pas trop intelligent cela ne nous apportera pas de succès.

Dans les jeux répétés, chacune des stratégies one-shot est appelée une stratégie pure.

Définition 25. Une stratégie mixte est l'attribution d'une probabilité à chaque stratégie pure.

Cela permet au joueur de choisir par hasard une stratégie pure. Puisque les probabilités sont continues, il existe une infinité de stratégies mixtes disponibles pour un joueur. L'intérêt pour les stratégies mixtes peut s'expliquer simplement : si votre adversaire détermine laquelle de vos stratégies sera appliquée au prochain jeu, il peut utiliser ces connaissances pour améliorer son résultat (et fragiliser le vôtre). Par conséquent « plus il y a d'aléatoire, mieux c'est ». C'est l'alternance aléatoire imprévisible des stratégies qui empêchera l'adversaire de gagner.

Il est logique que les stratégies pures ne puissent être représentées comme un cas particulier de stratégies mixtes que dans le cas où la fréquence de l'une est de 1 et celle des autres de 0.

Dans les **stratégies mixtes optimales**, un joueur qui s'écarte de sa stratégie optimale change le gain moyen en un désavantage pour lui.

Une **stratégie totalement mixte** est une stratégie mixte dans laquelle le joueur attribue une probabilité strictement positive à chaque stratégie pure.

Définition 26. La **solution du jeu** est un ensemble d'applications par chacun des joueurs de ses stratégies optimales.

Définition 27. Le **prix du jeu** est le résultat obtenu lors de la résolution du jeu, c'est-à-dire le gain moyen (l'espérance mathématique de gain) lorsque les deux joueurs appliquent les stratégies optimales.

Ces stratégies qui sont présentes dans la stratégie optimale du joueur avec des fréquences non nulles sont appelées **utiles** (ou encore **actives**).

En 1928, von Neumann a prouvé qu'il y avait au moins une solution pour chaque jeu. Cette solution peut se retrouver dans le domaine des stratégies mixtes.

Un dilemme répété du prisonnier

Dans « L'évolution de la coopération » (1984) [4], Robert Axelrod a exploré le comportement des joueurs face à un dilemme répété du prisonnier. Il a invité ses collègues à mettre en œuvre des algorithmes qui implémentent ce jeu et a organisé un tournoi parmi ces algorithmes. Pour ce tournoi, de nombreux programmes ont été écrits qui implémentent des algorithmes. Il est intéressant de noter que selon le comportement des programmes, il a été possible de les doter de qualités humaines. Par exemple, il s'est avéré que les programmes « gourmands » ont commencé à échouer après quelques jeux, c'est-à-dire qu'à long terme ils se sont avérés intenables. « Altruistes », des programmes cherchant la coopération ont conduit, à long terme, à des résultats positifs. Axelrod a montré que la sélection naturelle est possible, conduisant d'un comportement égoïste initial à un comportement altruiste.

Parmi les programmes présentés figuraient des programmes très complexes et très simples, déterministes (indépendants des nombres aléatoires) et non déterministes (mixtes). Comme un fait intéressant, la stratégie tit-for-tat était la meilleure des stratégies déterministes, et le programme ne comportait que quatre lignes en BASIC. Cette stratégie a toujours conduit à coopérer dans la première étape et dans les étapes suivantes elle a répété le comportement de l'adversaire, c'est-à-dire qu'elle « trahissait » si l'adversaire trahissait et « coopérait » si l'adversaire coopérait. Si nous ajoutons un élément d'aléatoire à cette stratégie, par exemple, qu'en cas de trahison le programme pardonne parfois avec une probabilité de 1-5%, alors le résultat pouvait être encore meilleur. Cela a aidé à briser le cycle de la trahison mutuelle (ce qui semble intéressant).

En analysant les résultats du tournoi, Axelrod a identifié plusieurs conditions qui contribuent à des résultats élevés dans le jeu.

1. La stratégie ne doit pas trahir tant que l'adversaire ne la trahit pas. Presque toutes les stratégies en haut de la table de tournoi avaient cette propriété, appelons-la **gentillesse**. Fait intéressant, afin d'obtenir le plus grand bénéfice pour soi-même, c'est-à-dire pour des motifs purement égoïstes, la stratégie ne doit pas trahir l'adversaire en premier.
2. La stratégie doit réagir à la tentative de l'adversaire de la trahir. La stratégie qui pardonne tout est vouée à l'échec car il y aura toujours une stratégie « ignoble » qui ne manquera pas d'en profiter. Autrement dit, une stratégie réussie doit être **vigilance**.
3. Si l'adversaire cesse de trahir, une bonne stratégie consiste à renouveler la coopération. La stratégie doit être **indulgente**.
4. Jalousie est un désir de marquer plus de points que l'adversaire. C'est une mauvaise stratégie. Les bonnes stratégies ne sont pas **jalouses**.

La conclusion de cette expérience semble étrange : pour que les stratégies égoïstes reçoivent autant d'avantages que possible pour elles-mêmes, elles doivent être gentilles, peu jalouses et indulgentes. Inattendu, n'est-ce pas ?

Où est la pièce ?

Analysons le jeu ci-dessous.

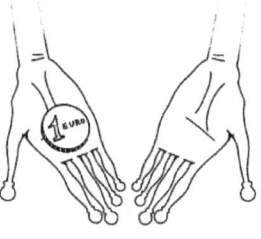

Il implique deux joueurs. L'un d'eux cache une pièce dans l'une de ses mains. L'autre essaye de deviner où est la pièce. Le joueur qui a deviné dans quelle main se trouve la pièce du partenaire la prend. Si vous ne parvenez pas à deviner, vous donnez votre pièce à votre adversaire.

Construisons une matrice de paiements pour ce jeu.

		Devinant	
		Main droite	Main gauche
Cachant la pièce	Main droite	(−1 ; 1)	(1 ; −1)
	Main gauche	(1 ; −1)	(−1 ; 1)

Comme nous pouvons le voir, dans ce jeu il n'y a pas d'équilibre DU TOUT : ni selon Nash, ni selon Pareto.

Selon vous, quel sera l'équilibre dans les stratégies mixtes concernant ce jeu ?

Vous pouvez jouer avec vos amis pour peut-être trouver votre meilleure stratégie.

5 LA PSYCHOLOGIE DU JEU

Nous commencerons ce chapitre en poursuivant notre discussion sur les jeux de répétition.

Solution d'un jeu matriciel dans les stratégies mixtes

Dans les chapitres précédents, nous n'avons résolu que des jeux fixes. Dans ce chapitre nous allons résoudre le jeu de matrice dans les stratégies mixtes en général.

Nous résoudrons le jeu 2 × 2, en supposant qu'il n'y a pas de stratégies dominées.

Représentons la matrice de paiements du jeu sous la forme suivante :

a	b
c	d

Laissons le premier joueur choisir la première stratégie (première ligne) avec une probabilité x et la seconde avec une probabilité $1-x$.

Dans un jeu donné, les deux stratégies pures du deuxième joueur doivent être également utiles, sinon le jeu serait un jeu avec un point-selle et il y aurait une solution sous forme de stratégies pures.

Quelles sont les stratégies « également utiles » ? Ce sont des stratégies qui ont la même l'espérance mathématique du gain.

Ensuite, l'égalité des gains peut s'écrire comme l'équation suivante.

$$a \cdot x + c \cdot (1 - x) = b \cdot x + d \cdot (1 - x),$$

d'où l'on peut constater que $x = \frac{d-c}{a-c-b+d}$.

De même, vous pouvez trouver une stratégie mixte pour le deuxième joueur.

Laissons le choisir la première stratégie (première colonne) avec une probabilité y et la seconde avec une probabilité $1\text{-}y$.

Alors, $a \cdot y + b \cdot (1 - y) = c \cdot y + d \cdot (1 - y)$, d'où $y = \frac{d-b}{a-c-b+d}$.

Autrement dit, en principe, nous avons maintenant des formules toutes faites qui nous aideront à résoudre n'importe quel jeu après l'avoir réduit à un jeu 2 × 2.

Trouvons à présent une solution dans les stratégies mixtes lors de ce jeu d'une pièce, que nous avons décrit à la fin du dernier chapitre. Cette solution pour les deux joueurs sera d'utiliser les deux stratégies pures avec des probabilités égales.

Pierre-papier-ciseaux

Nous allons essayer de trouver un équilibre dans les stratégies mixtes pour le jeu « pierre-papier-ciseaux ».
Voici en détail les conditions de victoire :
- Les ciseaux coupent la feuille,
- La pierre brise les ciseaux,
- La feuille recouvre la pierre.

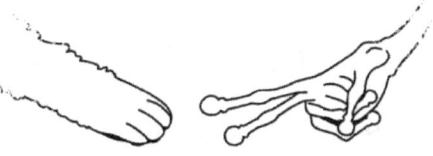

Ce jeu est vraiment simple et bien connu. Ainsi il a été enseigné avec succès à plusieurs chimpanzés (Pan troglodytes). Cette drôle d'étude a été menée par des chercheurs chinois et japonais sur 7 animaux (3 jeunes et 4 plus âgés) de l'Institut de Recherche sur les Primates de l'Université de Kyoto (Japon). Les scientifiques ont enseigné aux chimpanzés les relations entre chaque paire pour ensuite les présenter toutes de manière aléatoire. Les primates devaient choisir sur un écran tactile le bon mouvement pour gagner la partie. Selon les résultats de l'étude présentée en 2017 dans un article scientifique [17], 5 des 7 chimpanzés ont terminé avec succès l'entraînement démontrant ainsi leur maîtrise des règles de ce jeu. Les scientifiques n'ont pas relevé de différences en fonction de l'âge ou du sexe de ces animaux.

En 2013, un robot a qui bat un humain dans « pierre-papier-ciseaux » avec une réussite de cent pour cent a été conçu au Japon. Le gain n'est pas obtenu grâce à une stratégie spécifique, mais à travers l'analyse des mouvements de la main humaine à l'aide d'une caméra à grande vitesse. Mais comment trouver un équilibre dans le jeu entre deux personnes humaines ?

Construisons une matrice de paiements pour ce jeu. C'est un jeu à somme nulle dans lequel « 1 » est une victoire, « −1 » est une défaite, « 0 » est un match nul.

		Deuxième joueur		
		Pierre	Ciseaux	Papier
Premier joueur	Pierre	0	1	−1
	Ciseaux	−1	0	1
	Papier	1	−1	0

Laissons le premier joueur choisir une pierre avec une probabilité x, des ciseaux avec une probabilité y et un papier avec une probabilité $1-x-y$.

Alors l'espérance mathématique du gain du deuxième joueur dans le cas de son choix d'une pierre sera égale à $0 \cdot x + (-1) \cdot y + 1 \cdot (1 - x - y)$. Dans le cas du choix des ciseaux, cette espérance mathématique sera égale à $1 \cdot x + 0 \cdot y + (-1) \cdot (1 - x - y)$, et dans le cas du choix du papier elle sera égale à $(-1) \cdot x + 1 \cdot y + 0 \cdot (1 - x - y)$.
Ensuite, l'égalité des gains peut être écrite comme :
$0 \cdot x + (-1) \cdot y + 1 \cdot (1 - x - y) = 1 \cdot x + 0 \cdot y + (-1) \cdot (1 - x - y) = (-1) \cdot x + 1 \cdot y + 0 \cdot (1 - x - y)$.

Après avoir résolu le système de deux équations à deux inconnues, nous constatons que le gain d'équilibre 0 est atteint quand $y = x = \frac{1}{3}$.

De même nous pouvons déterminer la stratégie optimale pour le deuxième joueur. Il est logique que dans ce jeu symétrique elle soit de même que pour le premier joueur.

En fait, le « jeu de pièces » et le jeu « pierre-papier-ciseaux » sont très spécifiques. La meilleure stratégie, comme nous l'avons déjà compris est de choisir au hasard l'une des options avec une probabilité égale. Mais alors la victoire moyenne sera de 0 ! Comment devient-on champion dans ces jeux ? Est-ce juste une loterie ou quelque chose de plus ? Pourquoi sont-ils si populaires ? En fait ces jeux sont très psychologiques, puisque, quoique vous disiez, les deux joueurs essaieront toujours de prédire le coup de l'adversaire.

La plus grosse somme gagnée dans ces jeux est de 50 mille dollars. Elle a été remportée à Las Vegas par Sean Sears, qui n'avait pas l'intention de participer ce soir-là à pierre-papier-ciseaux. Mais il a battu à la surprise générale 300 adversaires dans la soirée et a obtenu le surnom de « doigts fous ». Sears a attribué son succès à sa capacité à observer l'adversaire dans une situation spécifique et à ne pas s'en tenir à une tactique.

Un pas plus loin ?

Souvenons-nous de « La lettre volé » d'Edgar Poe [35]. Nous en citerons un petit extrait qui reflète fidèlement l'essence de ces jeux.

> *J'ai connu un enfant de huit ans, dont l'infaillibilité au jeu de pair ou impair faisait l'admiration universelle. Ce jeu est simple, on y joue avec des billes. L'un des joueurs tient dans sa main un certain nombre de ses billes, et demande à l'autre : « Pair ou non ? » Si celui-ci devine juste, il gagne une bille ; s'il se trompe, il en perd une. L'enfant dont je parle gagnait toutes les billes de l'école. Naturellement, il avait un mode de divination, lequel consistait dans la simple observation et dans l'appréciation de la finesse de ses adversaires. Supposons que son adversaire soit un parfait nigaud et, levant sa main fermée, lui demande : « Pair ou impair ? » Notre écolier répond : « Impair ! » et il a perdu. Mais, à la seconde épreuve, il gagne, car il se dit en lui-même : « Le niais avait mis pair la première fois, et toute sa ruse ne va qu'à lui faire mettre impair à la seconde ; je dirai donc : Impair ! » Il dit : « Impair », et il gagne.*
> *Maintenant, avec un adversaire un peu moins simple, il aurait raisonné ainsi : « Ce garçon voit que, dans le premier cas, j'ai dit impair, et, dans le second, il se proposera, – c'est la première idée qui se présentera à lui, – une simple variation de pair à impair comme a fait le premier bêta ; mais une seconde réflexion lui dira que c'est là un changement trop simple, et finalement il se décidera à mettre pair comme la première fois. – Je dirai donc : « Pair ! » Il dit pair, et gagne.*
> *Maintenant, ce mode de raisonnement de notre écolier, que ses camarades appellent la chance, – en dernière analyse, qu'est-ce que c'est ?*
> *– C'est simplement, dis-je, une identification de l'intellect de notre raisonneur avec celui de son adversaire.*
> *– C'est cela même, dit Dupin ; et, quand je demandai à ce petit garçon par quel*

> *moyen il effectuait cette parfaite identification qui faisait tout son succès, il me fit la réponse suivante :*
>
> *Quand je veux savoir jusqu'à quel point quelqu'un est circonspect ou stupide, jusqu'à quel point il est bon ou méchant, ou quelles sont actuellement ses pensées, je compose mon visage d'après le sien, aussi exactement que possible, et j'attends alors pour savoir quels pensers ou quels sentiments naîtront dans mon esprit ou dans mon cœur, comme pour s'appareiller et correspondre avec ma physionomie. »*

En général le succès de ce garçon vient de ce qu'il pense toujours à un enchaînement « Il pense que je pense qu'il pense que ... » avec *exactement* un pas plus loin que son adversaire.

De même, dans « pierre-papier-ciseaux », il n'y a pas d'équilibre de Nash : dans tous ces résultats probables, il n'y a pas d'option dans laquelle les deux participants seraient satisfaits de leur choix. Cependant, le championnat du monde et la World Rock Paper Scissors Society collectent des statistiques de jeu. Évidemment, dans ce jeu vous pouvez améliorer vos chances de gagner en sachant quelque chose sur le comportement habituel des gens.

Selon la World RPS Society, la pierre est le coup le plus joué (37,8%). Le papier est joué par 32,6%, les ciseaux par 29,6%. Vous savez donc maintenant que vous devez choisir le coup « papier ». Cependant, si vous jouez avec quelqu'un qui le sait également, ne choisissez plus le papier, car c'est ce qu'on attend. Un cas célèbre existe : en 2005, deux maisons de ventes aux enchères Sotheby's et Christie's mettaient en jeu un très gros lot, notamment, une collection de Picasso et Van Gogh pour un prix de départ de 20 millions de dollars. Le propriétaire a invité les deux maisons à jouer à « pierre-papier-ciseaux ». Sotheby's n'a pas hésité à choisir le papier. C'est Christie's qui a gagné. En fait ses représentants se sont tournés vers une experte qui était la fille de 11 ans de l'un des cadres supérieurs. Elle a dit : « La pierre semble être la plus solide, donc la plupart des gens doivent la choisir. Mais si nous ne jouons pas avec un débutant complètement stupide, il ne lancera pas une pierre, il s'attendra à ce que nous le fassions et il lancera le papier lui-même. Pensons avec un coup d'avance et lançons les ciseaux. »

Lézard ? Spock !

Une nouvelle variante du jeu « pierre-papier-ciseaux » a été popularisée par la série américaine The Big Bang Theory, originellement créée par Sam Kass et Karen Bryla. Il s'agit de pierre-papier-ciseaux-lézard-Spock. Ici, les règles classiques s'appliquent auxquelles il faut ajouter le lézard qui mange le papier, empoisonne Spock, est écrasé par la pierre et est décapité par les ciseaux. Spock quant à lui vaporise la pierre, casse les ciseaux, et est discrédité par le papier. Cette variante qui augmente le nombre de combinaisons de 3 à 10 est censée réduire le nombre d'égalités entre deux joueurs qui se connaissent.

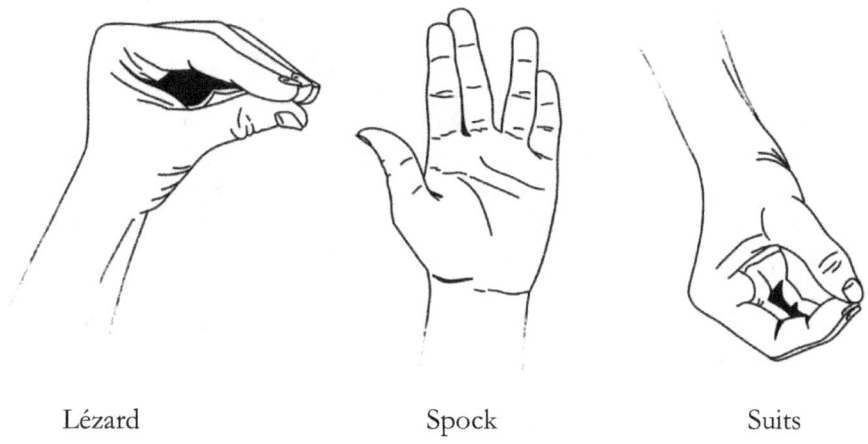

Lézard   Spock   Suits

Figure 5.1 – Les variations

Selon la théorie des probabilités, dans la version classique, la probabilité de gagner, de perdre et de rejouer est la même et égale à 1/3. Dans la version améliorée, la situation change : la probabilité de gagner et de perdre est de 0,4 chacun, et la probabilité de rejouer est de 0,2. Autrement dit, si vous utilisez une version améliorée de l'outil de règlement des différends, alors en moyenne le nombre de tours infructueux sera moins important. Néanmoins, entre les personnages de la série, cette variante amène systématiquement à une égalité Spock vs. Spock.

Une autre variante, française celle-là, a été popularisée par le jeu Le Tout (inventé par les Tobiffleurs). Il s'agit de pierre-feuille-ciseaux-galaxie-acarien. Ici, on reprend les règles classiques en ajoutant la galaxie qui dématérialise la pierre, la feuille et le ciseau, mais qui implose à cause de l'acarien. Ce dernier se fait écraser par la pierre, la feuille et le ciseau.

Comparons ce mode de jeu avec d'autres types. La variation pierre-feuille-ciseaux-puits est moins complexe qu'une variante comme pierre-papier-ciseaux-lézard-Spock. On retrouve 4 signes permettant d'augmenter le nombre de combinaisons. C'est une variation que l'on retrouve dans les pays francophones (France, Suisse, Canada) et en Allemagne.

Voici en détail les conditions additionnelles de victoire :

- Les ciseaux tombent dans le puits,
- La pierre tombe dans le puits,
- La feuille recouvre le puits.

Dans un jeu normal, chaque option n'est ni meilleure ni pire qu'une autre. Dans le jeu avec un puits, celui-ci est certainement meilleur qu'une pierre, comme les deux perdent également face au papier et gagnent contre les ciseaux, mais lorsqu'ils se rencontrent, l'avantage est pour le puits. Ainsi le joueur n'a aucun intérêt à utiliser la pierre, car s'il montre le puits à la place, ses chances sont plus grandes pour battre n'importe quel adversaire. Cela signifie qu'aucun des joueurs n'utilisera jamais de pierre et dans le jeu encore une fois, existent trois options avec un équilibre classique : un puits, des ciseaux, du papier. Dans le langage de la théorie des jeux, on peut dire que le puits est dominé par la pierre.

Dans certaines régions, il existe des options pour jusqu'à 9 figures. Pour plaisanter, sur les forums et les sites, des options ont également été discutées avec jusqu'à 101 figures.

Solution du jeu en stratégies mixtes

Essayons de trouver une solution dans un jeu en stratégies mixtes pour un jeu matriciel plus compliqué.

1	2	4
3	2	3
2	3	1

Disons que le premier joueur va avec une probabilité x choisir la première stratégie, avec une probabilité y — la seconde et avec une probabilité $1-x-y$ — la troisième.

Comme pour le jeu précédent, nous écrivons l'égalité des espérances mathématiques du gain du deuxième joueur.
$$1 \cdot x + 3 \cdot y + 2 \cdot (1 - x - y) = 2 \cdot x + 2 \cdot y + 3 \cdot (1 - x - y) =$$
$$4 \cdot x + 3 \cdot y + 1 \cdot (1 - x - y).$$

En résolvant le système d'équations, nous obtenons que la stratégie du premier joueur est d'utiliser des stratégies selon les probabilités $\frac{1}{8}, \frac{1}{2}, \frac{3}{8}$.

De même, on constate que la stratégie du premier joueur est d'utiliser des stratégies, respectivement, avec les probabilités $\frac{1}{8}, \frac{5}{8}, \frac{1}{4}$.
Ainsi, nous pouvons désormais résoudre n'importe quel jeu matriciel.

Répétons la technique.

- Premièrement, nous excluons systématiquement toutes les stratégies dominées.
- S'il ne reste qu'un seul élément, alors nous avons trouvé le point-selle de la matrice et, ainsi, nous avons une solution en stratégies pures, qui est la seule solution de ce jeu.
- Nous trouvons et sélectionnons de deux manières différentes les coups optimaux pour les stratégies des deux joueurs dans chaque ligne et dans chaque colonne, fixant virtuellement le coup de l'adversaire.
- Si à l'intersection des colonnes et des lignes il y a des éléments distingués des deux manières, alors nous avons des équilibres de Nash dans des stratégies pures
- Nous recherchons une solution en stratégies mixtes.

Vous avez bien compris : il existe des jeux dans lesquels il y a à la fois un équilibre de Nash dans les stratégies pures et une solution dans les stratégies mixtes. Un exemple d'un de ces jeux est celui défini par la matrice suivante.

(1 ; 10)	(0 ; 0)
(0 ; 0)	(10 ; 0)

Les cerfs et les bisons

Robinson Crusoé et Vendredi sont des chasseurs de lapins de l'âge de pierre. Un soir, alors qu'ils buvaient ensemble, une conversation a commencé entre eux au sujet des affaires. Après avoir échangé leurs opinions, ils se sont rendu compte qu'en conjuguant leurs efforts, ils pouvaient chasser un animal beaucoup plus gros, comme un cerf ou un bison. Quiconque chasse seul ne peut s'attendre à pouvoir tuer un animal aussi gros qu'un cerf ou un bison. Mais si les chasseurs s'unissaient, chaque jour de chasse au cerf ou au bison rapporterait six fois plus de viande qu'une journée seul de chasse au lapin. Une telle coopération présente de grands avantages : chaque chasseur recevra trois fois plus de viande de la chasse d'un gros gibier que de la chasse aux lapins.

Robinson Crusoé et Vendredi ont accepté de chasser le gros gibier le lendemain et sont retournés chacun dans sa grotte. Malheureusement, ils avaient trop bu la veille et tous deux ont oublié quel animal ils devaient chasser, un cerf ou un bison. Les zones de chasse pour ces animaux se situent dans des directions opposées. Il n'y avait pas de téléphone portable à l'époque, et tout cela se passait avant que Robinson Crusoé et Vendredi soient devenus voisins. Ils ne pouvaient donc se rendre rapidement dans la grotte l'un de l'autre pour savoir où aller ensemble. Le lendemain matin, chacun devait prendre ses propres décisions.

Afin de décider où aller, les deux chasseurs devront jouer à un jeu avec des coups simultanés. Si nous désignons la quantité de viande que chacun reçoit par jour en lapins de chasse (unité choisie), alors la part de chacun en cas de coordination réussie des efforts de chasse au cerf ou au bison, sera de trois unités. Par conséquent, la matrice des paiements de ce jeu est la suivante :

		Vendredi		
		Cerf	Bison	Lapin
Robinson Crusoé	Cerf	(3 ; 3)	(0 ; 0)	(0 ; 1)
	Bison	(0 ; 0)	(3 ; 3)	(0 ; 1)
	Lapin	(1 ; 0)	(1 ; 0)	(1 ; 1)

Ce jeu est très différent du dilemme du prisonnier discuté plus haut. Analysons la différence la plus importante.

Le meilleur choix pour Robinson Crusoé dépend de ce que fait Vendredi et vice versa. Il n'y a pas de stratégie optimale pour l'un ou l'autre des joueurs, quelles que soient les actions de l'autre ; contrairement au dilemme des prisonniers, ce jeu n'a pas de stratégie dominante. Par conséquent, chaque joueur doit analyser le choix possible de l'autre et, dans cette optique, chercher sa propre stratégie optimale.

Robinson Crusoé réfléchit ainsi : « Si Vendredi va là où les cerfs broutent, alors j'aurai une grande part du butin si j'y vais, par contre je n'obtiendrai rien si je vais à la terre des bisons. Si Vendredi va à la terre des bisons, ce devrait être l'inverse. Au lieu de prendre le risque d'aller dans l'une de ces zones et de constater que Vendredi est allé dans l'autre, ne devrais-je pas aller plutôt chasser moi-même les lapins, comme je l'ai toujours fait, même si cela m'apporte moins de viande ? En d'autres termes, ne devrais-je pas prendre une unité de butin à coup sûr, au lieu de prendre le risque d'obtenir trois unités ou rien ? Cela dépend de ce que je pense que Vendredi va faire, donc je dois me mettre à sa place et réfléchir à ce qu'il pense. Mais lui aussi se demande ce que je vais faire et essaie de se mettre à ma place ! Y a-t-il une fin à ces réflexions répétitives sur les reflets ? »

Colonel Blotto et les bâtons chinois

La vente aux enchères de bâtons (baguettes) chinois a lieu lorsque trois bâtons chinois sont mis en jeu. Ces enchères ont des règles très particulières et très strictes. Chaque joueur dispose exactement de la même somme. Il n'y a qu'un tour et les enchères sont secrètes, donc aucun ne sait ce que les autres proposent. Pour ce seul tour, chacun des joueurs est obligé de proposer une enchère pour chaque baguette, même si c'est pour proposer un prix égal à zéro. Chaque joueur veut gagner au moins deux des trois bâtons. En effet, manger avec une seule baguette n'est pas pratique !

Les équilibres de Nash dans les enchères de bâtons chinois sont toujours décrits par des stratégies mixtes, mais la forme de ces équilibres est carrément fascinante. L'équilibre bien connu [43] pour trois bâtons dit que l'un des équilibres est décrit par une stratégie donnée par une distribution uniforme à la surface d'un tétraèdre dans l'espace des paris sur trois bâtons. Un autre équilibre a été récemment trouvé [15] (toujours pour trois bâtons), qui prend le même tétraèdre et le transforme en fractale dans l'esprit du triangle de Sierpinski. Une stratégie d'équilibre dans ce cas suppose une distribution uniforme des taux à la surface de cette fractale.

Quelque chose de similaire à cette vente aux enchères est le jeu Colonel Blotto. C'est un type de jeu à somme nulle pour deux personnes dans lequel les joueurs sont chargés de distribuer simultanément des ressources limitées sur plusieurs objets (ou champs de bataille). Dans la version classique du jeu, le joueur qui consacre le plus de ressources à un champ de bataille le gagne et le gain est alors égal au nombre total de champs de bataille gagnés.

Le jeu a été proposé en 1921 [9] à titre d'exemple de jeu dans lequel « la psychologie des joueurs compte ». Il a été étudié après la Seconde Guerre mondiale par des spécialistes de la recherche opérationnelle et est devenu un classique de la théorie des jeux.

Le nom du jeu est emprunté à celui d'un le colonel fictif [19]. Celui-ci a pour tâche de trouver la répartition optimale de ses soldats sur N champs de bataille en sachant que :

- sur chaque champ de bataille, la partie qui attribuant le plus grand nombre de soldats va gagner, mais
- aucune des parties ne sait combien de soldats la partie adverse affectera à chaque champ de bataille et:
- les deux parties cherchent à maximiser le nombre de champs de bataille qu'elles s'attendent à gagner.

Imaginons un jeu basé à la fois sur les enchères de bâtons chinois et le jeu Colonel Blotto.

Le jeu « le Colonel affamé » se joue à 2 joueurs. Chacun d'eux peut écrire 3 nombres, mais pas dans l'ordre décroissant. La somme des nombres doit être de 6. Le joueur dont les 2 positions de nombres dépassent 2 positions de l'adversaire gagne.

Il y a 3 options pour chaque joueur (le jeu est symétrique) dont (2; 2; 2), (1; 2; 3), et (1; 1; 4). (1; 1; 4) contre (1; 2; 3) aboutit à un match nul, (1; 2; 3) contre (2; 2; 2) aboutit à un match nul, (2; 2; 2) gagne (1; 1; 4). Ainsi (2; 2; 2) est la stratégie optimale.

Considérez vous-même une autre version d'un jeu similaire pour deux joueurs et jouez-y avec vos amis :

- Le terrain de jeu est un plateau de 3 par 3.
- Chaque joueur a une armée de 100 petites Cthulhus.
- Avant la bataille de nuit, chaque joueur place secrètement ses unités sur 9 cellules. Vous pouvez placer n'importe quel nombre entier de Cthulhus de 0 à 100 sur chaque carré.
- Le matin, la bataille pour une autre planète commence. Sur chacune des 9 cellules, le gagnant est le joueur qui a le plus de Cthulhus sur cette cellule. Pour une victoire sur chacune des 9 cases, 1 point est donné. S'il y a le même nombre sur une case, alors la bataille sur cette case se termine par un match nul et les deux joueurs reçoivent 0,5 point.
- La bataille est gagnée par celui qui a remporté le plus de champs. Si les deux joueurs gagnent 4,5 terrains chacun, la bataille se termine

par un match nul.

Ce jeu se déroulait comme une compétition en 2019 sur le site Internet de Michael Pavkukhin. Le meilleur résultat a couronné le joueur qui a placé les Cthulhus selon le tableau suivant :

2	18	2
17	22	17
2	18	2

Ce joueur a battu 4121 adversaires, perdu contre 1011 et fait match nul avec 216.

Jeux séquentiels

Jusqu'à présent, nous n'avons discuté que des jeux dans lesquels les joueurs font des choix en même temps. Mais il existe également d'autres options qui sont assez courantes.

Considérons le jeu suivant. Imaginons deux personnages : le baron de Münchhausen et Mata Hari. Ils se rencontrent pour un rendez-vous galant dans un restaurant, dans lequel ils se partageront un même plat par souci d'économie. Dans ce jeu, chacun mettra une note évaluant le plaisir qu'il aura pris lors de ce rendez-vous (aussi bien le plaisir d'être avec autre, que celui du choix du restaurant ou encore du choix du plat).

Le baron de Münchhausen choisit le restaurant et Mata Hari qui fera de même avec les plats proposés.

Ces personnages très différents sont guidés dans leur choix exclusivement par des considérations égoïstes.

Essayons de décrire ce jeu sous sa forme normale.

		Mata Hari	
		Sushi	Kebab
Baron de Münchhausen	Traiteur japonais	(1 ; 9)	(1 ; 9)
	Traiteur cacher	(0 ; 0)	(2 ; 1)

A noter que lorsque le jeu se présente sous cette forme, on voit deux équilibres de Nash (sushi chez le traiteur japonais ou kebab chez le traiteur cacher). En fait, ce n'est pas le cas. Le problème est que les joueurs choisissent les stratégies les unes après les autres, alors que le deuxième joueur sait déjà quelle stratégie le premier a choisie. La matrice de paiements dans sa forme habituelle n'en donne pas une idée.

L'asymétrie de ce jeu se manifeste le mieux non pas sous la forme d'une matrice de paiements mais sous celle d'un arbre de décision, **extensive**. Les décisions sous cette forme peuvent être représentées par cet arbre dont chaque noeud est associé au joueur qui décide. Chaque option constitue une branche. Les gains de tous les joueurs sont associés aux terminaisons ou feuilles de l'arbre.

Le baron de Münchhausen doit d'abord choisir le traiteur japonais ou cacher, puis Mata Hari fera de même avec sushi ou kebab. Mais, faisant son choix, elle sait déjà chez quel traiteur le baron de Münchhausen l'a amenée.

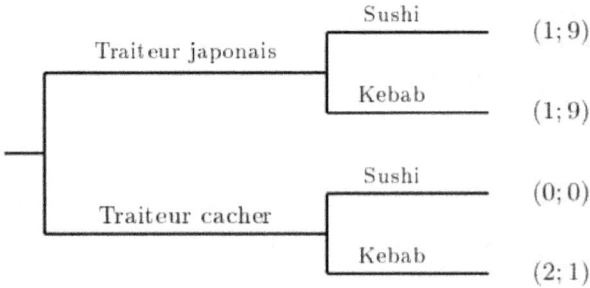

Analysons le jeu en considérant les coups dans l'ordre inverse. Si le baron de Münchhausen a déjà fait son premier coup et a choisi « traiteur japonais », alors quel que soit le coup de Mata Hari le gain sera (1 ; 9). Si le baron de Münchhausen a choisi « traiteur cacher » comme premier coup, alors les coups de Mata Hari sont déjà inégaux et pour obtenir le meilleur résultat elle devrait choisir kebab, après quoi le gain sera (2 ; 1).

Quel traiteur le baron de Münchhausen doit-il choisir ? S'il choisit le japonais, le résultat du jeu sera (1 ; 9) et il obtiendra un gain de 1 point. S'il choisit le cacher, alors son gain sera de 2 points. Ce sera le choix le plus raisonnable pour lui. Cela signifie que le choix d'équilibre est kebab de « traiteur cacher », ce qui se traduit par une victoire de 2 points pour le baron de Münchhausen et de 1 point pour Mata Hari.

Le deuxième des équilibres obtenu à l'aide de la matrice de paiements, n'est certainement pas un équilibre qui a du sens dans ce jeu. Évidemment, si le baron de Münchhausen avait choisi le traiteur japonais, Mata Hari aurait pu choisir le sushi mais le choix de ce traiteur par le baron de Münchhausen ne serait pas la chose la plus intelligente à faire.

Du point de vue de Mata Hari, le rendez-vous ne se passe pas bien : elle pourrait obtenir un gain de 9 points, mais elle n'en obtient que 1. Que peut-elle faire dans une telle situation ?

Elle peut menacer le baron de Münchhausen de continuer à manger des sushis même s'ils vont chez un traiteur cacher. S'il croit que Mata Hari va mettre sa menace à exécution, ce coup est logique. Dans ce cas, le traiteur japonais lui apportera un point de plaisir, alors que chez un traiteur cacher le baron ne voudra pas du tout manger de sushi et recevra 0 points.

En y regardant de plus près, il devient clair que cette menace n'en est pas vraiment une. Après tout, il paraît évident qu'une fois que le baron de Münchhausen a fait son choix, les gains possibles de Mata Hari peuvent être de 0 ou de 1, alors laissons le avoir 1 point.

Le problème de Mata Hari est qu'après que le baron de Münchhausen ait fait son choix, il attend une action rationnelle de sa part. Elle aurait pu s'engager à manger des sushis même si le baron de Münchhausen l'avait emmenée chez le traiteur cacher ; cela aurait peut-être pu améliorer son humeur.

Vous pouvez vous engager à une telle obligation, par exemple en laissant quelqu'un d'autre le faire pour vous. Ainsi Mata Hari pourrait proposer à Don Juan de se forcer à manger des sushis. Cependant, du point de vue du baron de Münchhausen la situation change alors radicalement.

S'il connaît l'arrangement de Mata Hari avec Don Juan, il se rend compte que s'il ne l'amène pas chez un traiteur japonais, sa soirée sera désespérément ruinée. Par conséquent, il est plus sage pour lui de se laisser piéger par cette femme. Dans ce cas, l'ultimatum féminin a contribué à stimuler l'humeur de Mata Hari.

Quel est le terme général pour désigner l'équilibre dans ce jeu ?

Les stratégies et équilibres dans ce type de jeux ont été étudiés par le baron Heinrich von Stackelberg (1905-1946), un économiste allemand. La concurrence de Stackelberg est un modèle de duopole. Le duopole de Stackelberg est asymétrique, c'est-à-dire que les deux firmes concurrentes n'ont pas la même puissance. On parle de firme leader (ou firme pilote) et de firme satellite. Ici, le pilote est le baron de Münchhausen.

Alors, dans un jeu comme celui étudié ci-dessus on parle d'**équilibre de Stackelberg**. Dans de tels jeux, il y a un leader qui est le joueur faisant le premier pas. Il peut choisir des stratégies déterminées par l'équilibre de Nash après chacun de ses mouvements, alors que le satellite, donc le deuxième joueur, choisit quant à lui des stratégies en fonction des prévisions du leader.

Par exemple, dans le jeu considéré, l'équilibre de Stackelberg est kebab de traiteur cacher.

Restreindre le choix ?

Définition 28. Coups stratégiques pour le joueur sont les actions du joueur visant à assurer le résultat le plus favorable pour lui.

Le jeu de poulet modélise deux conducteurs, tous deux se dirigeant vers un pont à voie unique et venant de directions opposées. Le premier à s'arrêter cède le pont à l'autre. Si aucun des joueurs ne fait un écart, le résultat est une impasse coûteuse au milieu du pont ou une collision frontale potentiellement mortelle.

On suppose que la meilleure chose pour chaque pilote est de rester droit pendant que l'autre fait un écart (puisque l'autre est le « poulet » alors qu'un crash est évité). De plus, un crash est présumé être le pire résultat pour les deux joueurs. Cela produit une situation où chaque joueur, en essayant d'obtenir son meilleur résultat, risque le pire. La brinkmanship implique l'introduction d'un élément de risque incontrôlable : même si tous les acteurs agissent rationnellement face au risque, des événements incontrôlables peuvent encore déclencher l'issue catastrophique. Dans la scène « Chickie Run » du film Rebel Without a Cause, c'est ce qui se produit lorsque Buzz ne peut s'échapper de la voiture et meurt dans l'accident.

Même en comprenant toute la stupidité de ce jeu, vous ne voulez pas être le poulet et vous pouvez essayer de trouver une stratégie qui vous donnera un avantage. Que pouvez-vous faire ? Pour montrer que vous n'allez pas rouler, vous pouvez retirer le volant d'un air de défi et laisser votre adversaire le voir. Vous avez perdu votre liberté d'action, c'est vrai. En retirant le volant, vous vous privez de cette opportunité. Cette perte peut-elle être bénéfique ? Dans ce jeu, oui, cela est possible puisqu'après tout, la liberté ici est la capacité de se détourner, c'est-à-dire de perdre. C'est une décision stratégique. J'espère que vous ne ferez pas de tels coups « stratégiques » et même que vous ne jouerez pas à de tels jeux.

L'idée que les joueurs (un ou les deux) peuvent essayer d'influencer le cours du jeu a été développée par Thomas Schelling (1921-2016), un économiste américain. Il est co-lauréat avec Robert Aumann du prix dit Nobel d'économie en 2005 « pour avoir fait progresser notre compréhension des conflits et de la coopération par le biais d'analyses utilisant la théorie des jeux ». Il est connu pour avoir notamment théorisé la « diplomatie de la violence » qui consiste à coupler toute menace de représailles ou d'interdiction avec la promesse de retenue si l'agresseur abandonne ses ambitions, en particulier dans le domaine de la stratégie nucléaire.

Dans le domaine de la théorie des jeux, il considérait ces dispositifs comme la promesse (obligation) et la menace [38].

Définition 29. Engagement est un coup stratégique qui informe les autres joueurs d'intentions qui ne changeront pas quelles que soient les circonstances.

Par exemple, voici un jeu de réveil. Il y a deux acteurs, le « moi du soir » et le « moi du matin ». Le premier coup concerne le « moi du soir ». Il met l'alarme et ne fait rien d'autre. Le « moi du matin » fait le deuxième coup, il est un joueur « satellite ». Après le déclenchement de l'alarme, il a deux alternatives : sortir du lit (l'alternative optimale à l'engagement pris par le « moi du soir ») ou y rester.

Définition 30. Menace est une réponse, une pénalité pour les actions d'autres joueurs qui ne répondent pas à vos attentes.

La menace, contrairement à l'engagement, est réalisée par un coup de représailles. Si les adversaires ont prévu de faire quelque chose de bénéfique pour eux-mêmes, mais que votre réaction ne le permet pas, alors nous parlons d'**endiguement**. Si votre menace amène vos adversaires à choisir un coup qu'ils n'auraient pas fait autrement, alors nous parlons de **contrainte**. Dans le cas d'une menace, comme dans celui d'un engagement, l'adversaire répond par de telles actions qu'il n'aurait autrement pas effectuées. Ce sont des coups stratégiques.

Il existe également des coups **informatifs**. Par exemple, si nous déclarons que quelque chose va se passer, cela s'appelle un **avertissement**. Une des options est une **assurance**, dans ce cas nous informons que dans certaines situations, nous adhérons à une certaine stratégie.

Il n'est alors pas rentable pour le premier joueur de prendre des décisions ; dans d'autres cas, il est utile d'empêcher l'adversaire de déclarer un engagement. Le grand stratège chinois Sun Tzu a enseigné qu'il fallait toujours laisser un chemin de retraite à l'ennemi. Si l'adversaire n'a aucun moyen de retraite au combat, il a l'obligation de se battre jusqu'au bout, ce qui peut s'avérer désavantageux pour nous. Par exemple, lorsque nous estimons que l'adversaire est en fait plus fort que nous, mais qu'il ne le sait pas, alors lui laisser uniquement l'option de combattre peut nous conduire à perdre le combat.

L'endiguement est le plus souvent basé sur la menace, tandis que la contrainte est basée sur l'incitation.

Imaginez une entreprise et ses employés. La stratégie d'augmentation progressive de la rémunération du travail effectué est plus efficace s'il y a une certaine limite de travail, jusqu'à laquelle la rémunération n'est pas payée et au-delà de laquelle le montant de la rémunération augmente considérablement.

Voici un autre exemple. Vous devez souvent passer des tests et je dois alors les noter. Probablement, peut-on remarquer que malgré que le temps soit déjà écoulé, un certain nombre d'étudiants écrivent encore dans l'espoir de gagner quelques points de plus. Dès qu'ils auront exactement une minute supplémentaire, ils écriront des réponses pendant cette minute et ne s'arrêteront pas. La menace dans ce cas est le refus d'accepter leur travail lorsque le délai est dépassé, mais la fiabilité de cette menace peut être augmentée en introduisant une pénalité pour retard.

Quelle devrait être le niveau suffisant de la menace permettant de changer la stratégie de votre partenaire en votre faveur ? Il est préférable de commencer par de petites menaces ici, car cela vous permettra de réduire vos coûts au minimum si vos menaces ne vous permettent pas de dissuader ou de contraindre votre adversaire, et que vous devez les mettre à exécution.

Augmenter progressivement l'importance de la menace pour ses valeurs optimales, est une stratégie d'équilibrage à la limite.

Dans de nombreuses situations, l'un des participants du jeu peut avoir besoin d'un outil qui convaincra les autres qu'il ne bluffe pas. C'est ce qu'on appelle un dispositif d'engagement. Par exemple, la loi de certains pays interdit de payer une rançon aux ravisseurs afin de réduire la motivation des criminels. Cependant, cette législation ne fonctionne pas toujours. Si votre enfant a été capturé et que vous avez la possibilité de le sauver en contournant la loi, vous le ferez. Imaginez une situation où la loi peut être contournée mais que les parents s'avèrent être pauvres et n'ont rien pour payer la rançon. Le criminel a deux options dans cette situation : libérer ou tuer la victime. Le kidnappeur n'aime pas tuer mais il n'aime pas non plus la prison. La victime à son tour, si elle est relâchée, peut soit témoigner pour que le ravisseur soit puni, soit garder le silence. Le meilleur résultat pour le délinquant est de libérer la victime qui ne la livrera pas. Et pour la victime, d'être libérée et de témoigner.

L'équilibre ici est que le terroriste ne veut pas être pris, ce qui signifie que la victime meurt. Mais ce n'est pas un équilibre de Pareto car il existe une option meilleure pour tout le monde : la victime en liberté reste silencieuse. Mais pour cela, il faut faire quelque chose pour qu'il lui soit bénéfique de se taire.

Quelque part, j'ai pris connaissance d'une autre option. Celle où une victime demande à un terroriste d'organiser une séance photo érotique. Si le criminel est emprisonné, ses complices publieront les photos sur Internet. Si le kidnappeur reste libre, cela peut être mauvais pour la victime, mais les photos accessibles au public sont encore pires, il y a donc un équilibre. C'est un moyen pour la victime de rester en vie.

Enchère en dollars

Jusqu'à présent, le chapitre a été principalement consacré à la psychologie du jeu.

Regardons maintenant un jeu d'un type légèrement différent, il s'agit d'une sorte d'enchère, mais d'un type particulier, puisque la somme la plus élevée après celle du vainqueur devra être remise par la personne concernée à l'animateur. Ce jeu est appelé l' « enchère en dollars ». Il a été décrit par Martin Joseph Shubik (1926-2018), professeur d'économie institutionnelle mathématique à l'université Yale. Dans un article de 1971 [41] Shubik a popularisé le modèle de l'enchère en dollars (ou « dollar auction ») qui montre comment la théorie des jeux peut être utilisée pour indiquer que des comportements rationnels finissent par devenir irrationnels.

Décrivons ce jeu. L'animateur de séance met aux enchères un billet de 10 euros, qui sera remis à celui ou celle qui en donnera le plus. Cependant, tout n'est pas si simple. Supposons que deux personnes participent aux enchères. L'une d'elles propose 6 euros et gagne les enchères, l'autre n'en ayant proposé que 5. L'animateur remet donc 10 euros au vainqueur en échange de ses 6 euros. Cependant, le deuxième participant donnera à l'animateur ses 5 euros.

Le professeur Max Hal Bazerman organise une enchère du même type chaque année aux étudiants du MBA de la Harvard Business School [25] pour un billet de 20 dollars et les gains, c'est-à-dire la somme du vainqueur et celle de son dauphin, vont toujours à la charité. Le record de la mise la plus haute est de 204 dollars. Bazerman propose le même jeu avec les cadres supérieurs de grandes entreprises et il obtient toujours plus pour son billet de 20 dollars qui ne les vaut évidemment pas.

Qu'est-ce qui fait que les gens acceptent de payer autant d'argent pour un billet de seulement 20 dollars ? Bazerman veut montrer que, et en particulier dans les affaires, toute personne a un point faible : la peur de la perte. Avec la perspective de perdre de l'argent, beaucoup commencent à se comporter de manière inappropriée.

Au début du jeu, il semble à chaque participant que la victoire est facile : « Je ne proposerai pas plus que 20 dollars et je vais gagner ! » Pourtant, les enchères atteignent assez rapidement 15 dollars. Le gain prévu n'est plus si doux pour le premier, tandis que le second fait face à une perte importante. Dès que les enjeux dépassent 21 dollars, les deux perdent. Mais le premier perdra seulement 1 dollar et le second vingt dollars. « Je ne veux pas perdre vingt dollars, je vais miser 22 dollars, et je ne perdrai que 2 dollars ». Le même raisonnement est répété par un autre joueur, celui, qui devient deuxième. En conséquence, chaque pari entraîne des pertes de plus en plus importantes bien que chacun des participants essaye de minimiser *sa* perte la sienne.

Appelons cela le **phénomène de Bazerman** et voyons où nous pourrions l'observer.

Le joueur de marché boursier a perdu de l'argent. Il peut fixer une perte, mais il croit que la chance lui sourira, et il perd encore plus. Un joueur de casino dans l'espoir de reconquérir, perd tout (nous savons que l'espérance mathématique de gagner dans un casino est négative, c'est-à-dire que ce jeu n'est rentable pour aucun des joueurs).

Pour certains magasins vendant de l'électronique, à une certaine époque, il y avait un paradoxe Bazerman. Ainsi tel magasin a acheté un appareil photo numérique pour 500 euros. Il fixe de ce fait un prix de 700 euros. Le prix semble trop élevé mais cela n'arrête pas nos hommes d'affaires, qui espèrent le vendre et faire des bénéfices. Mais personne n'achète l'appareil photo, il reste sur l'étagère. Un nouvel appareil photo meilleur et plus performant au prix d'achat de 400 euros fait son entrée sur le marché. Il est temps de baisser le prix de l'ancien : pour 700 euros, ce n'était pas nécessaire avant, et maintenant pas plus. Mais les gérants de magasin pensent différemment : « Le prix de 700 euros résulte du prix d'achat de 500 euros et des frais généraux de 200 euros pour le transport, les salaires et le loyer. Si je vends cet appareil photo pour, par exemple, 650 euros, j'aurai une perte nette de 50 euros, alors laissons le être à ce prix ... » Or, la probabilité d'achat d'un tel appareil photo tombe rapidement à zéro et du coup la perte nette devient de 700 euros.

Un autre exemple typique est celui des propriétaires de voitures anciennes dont l'argent est investi dans la réparation de ces dernières. Plus c'est le cas, moins il y a de désir de se séparer de la voiture. « Je mettrai plus d'argent et elle marchera enfin. » J'ai de telles connaissances, il en est ainsi.

La peur de perdre de l'argent entraîne souvent encore plus de pertes. Et si le titulaire d'un MBA vous propose d'augmenter vos revenus, ne lui faites pas confiance en lui confiant votre argent. Fixez les pertes sans les multiplier.

6 JEUX SEQUENTIELS. JEUX A INFORMATION IMPARFAITE OU INCOMPLETE.

Positions gagnantes et perdante

Penchons nous un peu plus sur les jeux. Une fois le facteur d'irrationalité mis de côté, le jeu séquentiel est l'un des sujets possibles en mathématiques d'olympiades.

Nous allons ainsi considérer des jeux à tour de rôle avec deux joueurs. L'essence du jeu n'est plus si importante maintenant : cela peut être un jeu avec des nombres, des pièces sur un plateau ou encore des pierres dans une pile. Ce qui est important est qu'une fois chaque coup terminé, la position change et le tour revient à l'autre joueur.

Que ce jeu soit fini, et il n'y aura pas de parties nulles (c'est-à-dire sans vainqueur). Ensuite, toutes les positions possibles apparaissant dans ce jeu peuvent être divisées en deux ensembles : les positions **gagnantes** et les positions **perdantes**. Imposons les restrictions suivantes :

1. Chaque position joignable à partir de la position initiale appartient exactement à l'un des ensembles.
2. Toutes les positions finales (ou terminales) sont gagnantes.
3. Tout coup d'une position gagnante mène à une position perdante, c'est-à-dire qu'en position gagnante, il n'y a aucun coup menant à une position gagnante.
4. Dans chaque position perdante, il y a au moins un coup menant à une position gagnante.

Si la position initiale était gagnante, alors le second joueur a une stratégie gagnante : le premier joueur ne peut se mettre en position perdante que par lui-même, tandis que pour le second (et nous jouons pour lui), il y aura toujours un coup gagnant. De même, si la position initiale était perdante, le premier joueur gagne, peu importe la façon, aussi paradoxal que cela puisse paraître.

L'analyse de la fin aide à trouver les positions gagnantes et perdantes : en utilisant le fait que la position finale est gagnante, nous considérons des coups dans la direction opposée. Considérons le jeu suivant.

Jeu 1. Le roi est sur le carré A1. En un seul coup, il peut être déplacé d'une case vers la droite, d'une case vers le haut ou d'une case en diagonale « vers le haut-droit ». Le gagnant est celui qui met le roi sur le carré H8. Qui gagnera s'il joue correctement ?

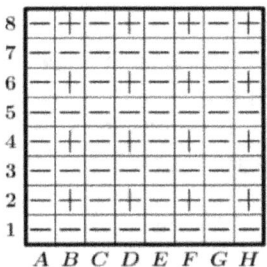

Figure 6.2 – Les positions gagnantes et perdantes.

Analyse. Essayons de trouver des positions gagnantes en fonction de leurs propriétés. Par définition, la position finale (H8) est gagnante. Par conséquent, dans la cellule H8 nous mettons « + ». Nous marquerons également toutes les positions perdantes trouvées. Dans les cellules correspondant aux positions perdantes, nous mettrons « − ». Puisque les positions à partir desquelles le roi peut accéder au carré gagnant H8 en un coup sont perdantes, alors nous mettons « − » sur les carrés H7, G8, G7. À partir des champs H6 et F8 en un seul coup, vous ne pouvez accéder qu'aux positions gagnantes, ce qui signifie que dans ces cases, vous pouvez mettre « + » du fait que ces positions sont gagnantes. À partir des positions gagnantes qui viennent d'être marquées, les positions perdantes suivantes sont obtenues : H5, G5, G6, F7, E7, E8. En continuant de la même manière, nous finirons par compléter le tableau sur Figure 6.2.

La position initiale est perdante, ce qui signifie que le premier joueur a une stratégie gagnante. ■

Résolvons un autre problème des Olympiades des mathématiques. D'ailleurs, le fait que ce soit des problèmes de mathématiques d'Olympiades signifie très probablement que personne de votre environnement ne les a rencontrés. Et, bien sûr, connaissant la stratégie, vous pourrez toujours battre vos amis et ils ne soupçonneront pas un sale tour.

Jeu 2. Le jeu commence par le nombre 1. Lors d'un coup, il est permis de multiplier le nombre écrit par n'importe quel nombre naturel de 2 à 7 et de supprimer le nombre précédent. Le gagnant est celui qui est le premier à recevoir un nombre supérieur à 1000. Qui gagnera s'il joue correctement ?

Analyse. Dans ce cas, la position est un nombre. Utilisons à nouveau l'analyse de bout en bout : tous les nombres supérieurs ou égaux à 1001 sont des positions gagnantes. Les positions à partir desquelles il est possible d'accéder aux positions gagnantes doivent être perdantes. Cela signifie que tous les nombres de 143 à 1000 sont perdantes : en multipliant chacun de ces nombres par 7, nous entrons dans une position gagnante. Tous les nombres de 72 à 142 sont des positions gagnantes, parce qu'à partir d'eux, vous ne pouvez entrer que dans des positions perdantes : en multipliant un nombre de 72 à 142 par un nombre de 2 à 7, vous obtenez un nombre de 144 à 994. En continuant de la même manière nous obtenons, que les positions de 11 à 71 sont perdantes, les positions de 6 à 10 sont gagnantes, et de 1 à 5 sont perdantes.

Il s'avère que la position initiale est perdante, ce qui signifie que si le jeu est joué correctement, le premier joueur gagne. ∎

Équilibre en sous-jeux

La recherche de l'équilibre dans les jeux économiques se fait de la même manière que dans les jeux mathématiques. La forme développée du jeu est un graphe orienté acyclique, c'est-à-dire un arbre. Nous nous souvenons que les positions finales du jeu sont appelées terminales, et la position de départ est appelée racine.

Définition 31. Sous-arbre est la partie de l'arbre qui commence à un sommet non terminal, **sous-jeu** est la partie du jeu décrite par le sous-arbre.

Nous avons souvent utilisé le terme **stratégie** qui décrit les actions du joueur dans une situation spécifique, par exemple les positions dans lesquelles c'est à son tour de faire un coup.

Nous avons trouvé les solutions aux jeux mathématiques de la fin, cette méthode s'appelle la **méthode d'induction vers l'arrière** ou l'0020**induction à rebours**. Nous avons considéré tous les sommets terminaux en leur donnant une estimation (de telles positions sont appelées positions de rang zéro).

Puis nous avons étudié tous les sommets non terminaux, à partir desquels tous les coups conduisent aux sommets terminaux (c'est ainsi que nous avons obtenu toutes les positions ayant le premier rang). Par la suite, nous avons considéré toutes les positions à partir desquelles les positions du premier rang sont accessibles en un seul coup. Puisque notre jeu est fini, c'est-à-dire qu'il contient un nombre fini de sommets, alors chaque position possible dans le jeu (accessible depuis la racine) obtient finalement son rang.

Dans les jeux économiques, les gains et les pertes ne sont pas si évidents, même s'ils sont déterminés par des nombres. Chacun des joueurs s'efforce de tirer le meilleur profit pour lui-même. Dans ce cas, l'algorithme devient un peu plus compliqué. Le classement des positions est désormais déterminé par les gains que les joueurs recevront. Considérons les positions de premier rang. Le joueur effectuant un coup dans cette position choisira la position dans laquelle il recevra le plus grand gain. Chacune des positions de premier rang reçoit une autre caractéristique qui est la récompense du joueur effectuant le coup. Si le joueur effectuant le coup final a le choix entre plusieurs coups menant à des résultats différents, lequel va-t-il choisir ? De toute évidence, le coup qui lui apporte le plus d'avantages. Ainsi, chacune des positions du premier rang recevra un nombre : la valeur du gain, par exemple, du premier joueur. Les positions du deuxième rang sont les positions à partir desquelles il y a des coups à la position du premier rang. Puisque le tour appartient maintenant à un autre joueur, son objectif change, il n'a pas besoin de maximiser le gain de l'adversaire, mais de le minimiser (dans un jeu à somme nulle, c'est le cas).

Cet algorithme est appelé la méthode « d'induction à rebours » ou « par récurrence sur la hauteur de l'arbre du jeu ». Il a été inventé par deux mathématiciens, Zermelo (célèbre pour son théorème) et Kuhn, c'est pourquoi il porte leur nom. Cependant, l'induction à rebours ne peut être appliquée aux jeux à information imparfaite ou incomplète, les cas, que nous discuterons dans ce chapitre.

Ernst Zermelo (1871-1953) est un mathématicien allemand. Il a considéré des jeux ayant les paramètres suivants : jeu fini, à tour de rôle, à deux joueurs, à information parfaite, sans hasard et sans match nul. En théorie des jeux, le théorème de Zermelo (dans les autres langues appelé parfois « le théorème de Zermelo-Kuhn ») énonce que dans ce type de jeu, une fois les paramètres considérés, l'un des deux joueurs a nécessairement une stratégie gagnante [39]. Pour les échecs, le théorème de Zermelo énonce que « soit le joueur blanc a une stratégie gagnante, soit le joueur noir a une stratégie pour gagner ou mener à un match nul ».

Bien sur, dans la plupart des jeux il n'existe pas de stratégie parfaite telle que définie par le théorème de Zermelo. Par exemple, les jeux du sport comportent des dimensions plus au moins aléatoires (santé des joueurs, temps, mental, etc). Dans le backgammon, c'est le jet de dés qui convoque le hasard. Pour les jeux de cartes, ce sera la main donnée.

Qui est Harold William Kuhn (1925-2014), dont le nom est associé à celui de Zermelo dans son théorème ? Mathématicien et économiste américain, il a entre autres choses étudié les algorithmes dans les jeux séquentiels. Ce qui a permis de mieux identifier les stratégies et les règles opératoires des vainqueurs dans les jeux définis par Zermelo. Kuhn recevra le prix de théorie John von Neumann (nom déjà mentionné dans ce livre) avec Albert Tucker en 1980. Le monde de la théorie des jeux est bien petit puisque Albert Tucker a été lui-même le conseiller en thèse de John Nash, déjà évoqué à plusieurs reprises.

Pour les jeux en forme développée, c'est-à-dire représentés sous forme d'arbre, l'équilibre de Nash peut aussi exister, il s'appellera **équilibre parfait en sous-jeux.** C'est un ensemble de stratégies pour les deux joueurs notamment celle dont la restriction à l'un des sous-jeux conduit à un équilibre de Nash dans ce sous-jeu. Nous pouvons dire que la stratégie du sous-jeu ne dépendra pas du fait que ce sous-jeu est joué séparément ou fait partie d'un jeu plus large.

La bataille du devoir et du désir

Bien sûr, vous n'avez pas besoin d'attendre Noël pour vous promettre quelque chose de bien. Vous pouvez décider tous les soirs de vous réveiller tôt le lendemain pour commencer la journée avec une séance d'entraînement ou une course matinale. Mais en même temps, vous savez parfaitement que le matin venu, vous aurez envie de rester au lit pendant encore une demi-heure (ou peut-être plus). C'est un jeu entre votre « *moi du soir* » déterminé et votre futur « *moi du matin* » à la volonté faible. Et dans ce jeu, le *moi* du matin a l'avantage du deuxième coup. Cependant, le *moi* du soir peut changer le cours du jeu en activant une alarme pour profiter du premier coup. C'est un peu un engagement de sortir du lit lorsque l'alarme se déclenche, mais cette méthode fonctionnerait-elle ? Notez qu'une même version antérieure de votre *moi* peut trouver et acheter un réveil qui ne dispose pas d'un bouton muet, mais cela est à peine possible. Et pourtant le *moi* du soir rendra cet engagement valable en réglant le réveil sur un placard sur le mur opposé de la pièce, plutôt que sur la table de nuit : dans ce cas, le *moi* du matin devra sortir du lit pour éteindre l'alarme. Si cela ne suffit pas et que le *moi* du matin retourne au lit, laissez votre cafetière s'allumer et commencer à préparer du café en même temps que le réveil sonne, de sorte que l'odeur tentante tire votre *moi* du matin hors du lit. En outre, il existe des appareils étonnants sur le marché qui peuvent être utilisés dans de tels cas. Comme Clocky, un réveil avec des roues. Si vous abandonnez l'appel, l'alarme saute au sol, recommence à sonner et s'éloigne de vous. Au moment où vous l'attrapez et la débranchez, vous serez complètement réveillé.

Cet exemple illustre parfaitement deux aspects de l'engagement et de sa validité : le quoi et le comment. Le « quoi » est l'aspect scientifique, ou l'aspect de la théorie des jeux : profiter du premier coup. Le « comment » est un aspect pratique, plutôt un art : trouver des moyens de vous aider à faire des coups stratégiques crédibles dans une situation donnée.

L'aspect technique ou scientifique de l'obligation de se lever lorsque l'alarme sonne peut être illustré par les arborescences évoquées précédemment. Dans le jeu original, dans lequel le *moi* du soir ne prend aucune décision, l'arbre du jeu semble très simple. Ici, le premier nombre du gain correspond au premier joueur, donc, au *moi* du soir, et le deuxième correspond au *moi* du matin.

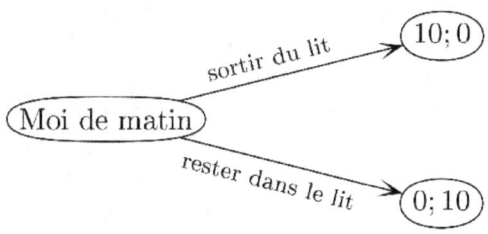

Le *moi* du matin reste au lit et obtient son gain maximal (auquel nous avons attribué 10 points), laissant au *moi* du soir le gain minimal (auquel nous avons fixé 0 point). Le nombre spécifique de points ici n'a pas vraiment d'importance : la seule chose importante est que pour chaque version du *moi*, l'option prioritaire se voit attribuer plus de points que l'option de priorité inférieure.

Le *moi* du soir peut changer le cours du jeu comme suit :

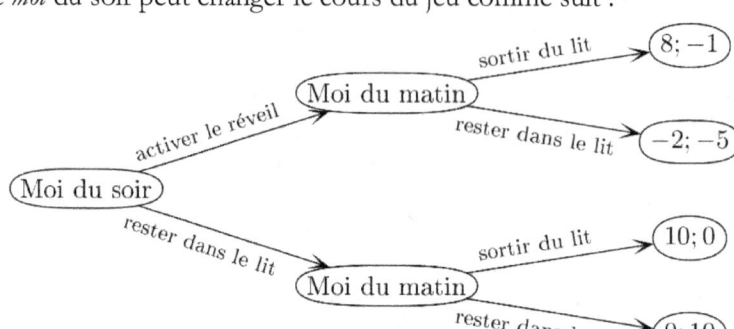

Maintenant, le gain final est important et nécessite des explications supplémentaires. La branche supérieure de l'arbre, représentant la situation dans laquelle le *moi* du soir n'active pas le réveil, ressemble à l'arbre précédent. Dans la branche inférieure de l'arbre, nous avons supposé que le *moi* du soir entraînerait un petit coût s'il activait le réveil (nous avons estimé ce coût à 2 points). Par conséquent, si le *moi* du matin réagit au réveil et sort du lit, le *moi* du soir recevra 8 points au lieu de 10 dans le jeu original. Mais si le *moi* du matin ne tient pas compte de l'alarme, le *moi* du soir recevra −2 points, puisque les coûts d'activation du réveil ont été vains. Le *moi* du matin encourra des frais en raison de la gêne qu'il éprouve lorsque l'alarme sonne ; ces coûts ne seront que de 1 point si le *moi* du matin monte et éteint rapidement l'alarme, et jusqu'à 15 points s'il reste au lit, et que l'alarme continue de sonner, transformant le plaisir d'être au lit (10 points) en une perte de −5 points (= 10 − 15). Si l'alarme est activée, le moi du matin choisira −1 au lieu de −5 et sortira du lit. Le moi du soir offrira cette opportunité et décidera que l'activation de l'alarme lui donnera 8 points au total, ce qui est mieux que le 0 qu'il aurait reçu dans le jeu original. Si le coût de l'exécution d'une action ou d'une autre était trop élevé (par exemple, si le *moi* du soir mettait un allumeur avec une minuterie qui allumerait un feu dans son lit afin de chasser le *moi* du matin), pour le *moi* du soir il n'est pas rentable d'assumer une telle obligation. Par conséquent, la stratégie d'équilibre, obtenue par la méthode d'induction à rebours, ressemblerait à ceci : le *moi* du matin sort du lit si le réveil est allumé, et le *moi* du soir allume le réveil.

Un aspect plus inattendu de l'engagement peut être observé en représentant ce jeu comme une matrice de paiements plutôt que comme un arbre du jeu.

	« Moi » du matin

		Rester dans le lit	Sortir du lit
« Moi » du soir	Ne pas activer le réveil	(0 ; 10)	(10 ; 0)
	Activer le réveil	(−2 ; −5)	(8 ; −1)

Le tableau montre que pour chaque stratégie spécifique du *moi* du matin, le gain du *moi* du soir à l'activation de l'alarme est inférieur à celui de l'alarme non activée : −2 est inférieur à 0 et 8 est inférieur à 10. Par conséquent, pour le *moi* du soir, la stratégie « Activer le réveil » est dominante par rapport à la stratégie « Ne pas activer le réveil ». Néanmoins, le *moi* du soir préfère s'engager et déclencher l'alarme !

Un certain avantage est-il au moins possible à choisir une stratégie dominante et à abandonner la stratégie dominée ? Afin de répondre à cette question, il est nécessaire d'analyser plus en profondeur le concept de dominance. La stratégie « Ne pas activer le réveil » domine par rapport à la stratégie « Activer le réveil » du point de vue du *moi* du soir puisque pour chaque stratégie spécifique du moi du matin, la stratégie « Ne pas activer le réveil » offre au *moi* du soir un gain plus important que la stratégie « Activer le réveil ». Si le *moi* du matin choisit la stratégie « Rester dans le lit », le *moi* du soir recevra 0 point avec le réveil éteint et −2 points avec le réveil allumé ; si le *moi* du matin choisit la stratégie de « Sortir du lit », le *moi* du soir recevra 10 points avec le réveil éteint et 8 points avec le réveil allumé. Si les coups dans le jeu sont faits simultanément, ou si le *moi* du soir fait son coup en second, il ne pourra pas influencer le choix du *moi* du matin et il devra prendre ce choix pour acquis. Mais le but d'un coup stratégique est précisément de changer le choix de l'autre joueur, et non de le prendre pour acquis. Si le *moi* du soir choisit la stratégie « Activer le réveil », le *moi* du matin décide de sortir du lit et le *moi* du soir recevra un gain de 8 points ; si le *moi* du soir choisit la stratégie « Ne pas activer le réveil », le *moi* du matin décide de rester au lit et le *moi* du soir gagnera 0 points − et 8 points valent plus que 0. Dans ce cas, les gains de 10 et −2 points ne doivent même pas être analysés et comparés aux gains de 8 et 0 points, respectivement. Par conséquent, dans un jeu à coups séquentiels, le concept de domination perd de sa pertinence pour le joueur effectuant le premier coup.

La bataille de l'enseignant et de l'élève négligent

Résolvons le problème du modèle suivant.

L'étudiant (E) en contrôle continu ne peut résoudre le problème donné en aucune façon. Il a le choix d'essayer de copier la solution du problème depuis son cahier ou de ne pas le faire. Si un étudiant triche, un enseignant attentif (P) le remarquera et réfléchira à expulser l'étudiant du test ou à avoir pitié de lui. En réalité il a d'abord une option « remarquer » ou « faire semblant de ne pas l'avoir remarqué ». Mais quand il l'a remarqué, il peut soit expulser cet étudiant soit le réprimander.

Si l'étudiant ne triche pas, l'enseignant voyant son agonie, peut décider de lui donner un indice.
L'étudiant, alors peut humblement refuser ou accepter de l'aide. Si l'enseignant veut expulser l'étudiant, celui-ci peut se mettre à genoux et demander grâce, ou il peut quitter la salle d'examens en admettant sa défaite.

L'étudiant veut résoudre le problème mais ne veut évidemment pas être expulsé de l'examen. L'enseignant s'efforce de se conformer à la procédure d'examen prescrite. Le schéma de ce jeu est présenté sous la forme d'un arbre de jeu correspondant.

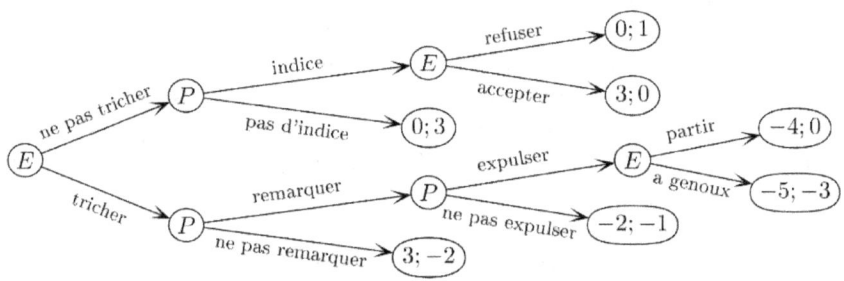

Analysons ce jeu en utilisant l'algorithme de Zermelo-Kuhn. Nous partirons des deux feuilles les plus éloignées de la racine. Quand l'enseignant veut donner un indice à l'étudiant, celui-ci va accepter l'aide parce que 3 points valent mieux que 1 point. Nous pouvons alors montrer qu'en réalité ces deux feuilles correspondant au choix de l'étudiant peuvent être remplacées par une feuille avec le résultat final (3; 0). Ici, le premier nombre correspond au gain de l'étudiant et le deuxième à celui de l'enseignant.

Une situation similaire a lieu quand l'enseignant essaye d'expulser l'étudiant. Même si se mettre à genoux pour stupéfier l'enseignant peut paraître une bonne idée, perdre 4 points est quand même mieux qu'en perdre 5. Alors, on remplace ces deux feuilles par un résultat (-4; 0).

Après ces simplifications, nous obtenons l'arbre de jeu simplifié.

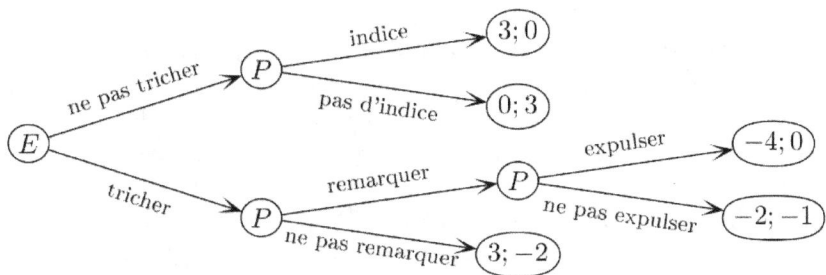

De même, lorsqu'un enseignant décide d'exclure ou non un élève de l'examen, alors qu'il a déjà montré qu'il a remarqué sa tricherie, il lui enlèvera simplement le cahier pour maximiser son profit. Lorsque dans une autre partie de l'arbre, l'enseignant se demande s'il va aider un élève où pas, il choisit finalement de ne pas le faire, guidé par des considérations égoïstes. Cela conduit à un arbre de jeu encore plus simplifié.

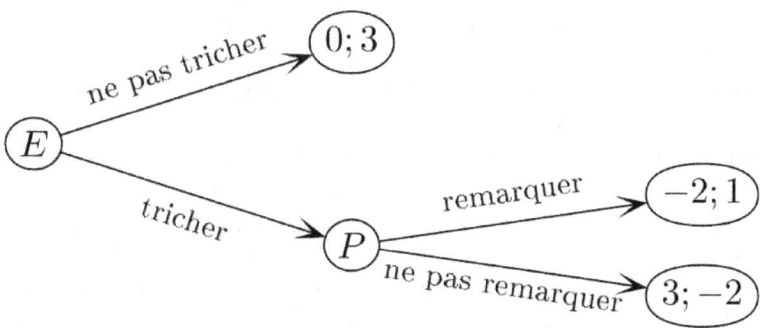

Enfin, si l'étudiant triche, l'enseignant va lui montrer qu'il l'a remarqué. Et, après la dernière simplification de jeu, l'étudiant va décider de ne pas tricher. Utopie, cependant.

Jeux à information imparfaite

Jusqu'à présent, nous n'avons considéré que les jeux à information complète.

On dit qu'un jeu est à **information complète** si chaque joueur connaît lors de la prise de décision :

- ses possibilités d'action ;
- les possibilités d'action des autres joueurs ;
- les gains résultant de ces actions ;
- les motivations des autres joueurs.

Les jeux à **information incomplète** sont des situations où l'une des conditions n'est pas vérifiée. Ce peut être parce que l'une des motivations d'un acteur est cachée (domaine important pour l'application de la théorie des jeux à l'économie). Ces jeux sont aussi appelés **jeux bayésiens.**

On parle de jeu à information parfaite dans le cas de jeu sous forme extensive, où chaque joueur a une connaissance parfaite de toute l'histoire du jeu.

Un jeu à information incomplète est aussi à **nformation imparfaite**. Les jeux à information complète peuvent être à information imparfaite soit du fait de la simultanéité des choix des joueurs, soit lorsque des événements aléatoires sont cachés à certains joueurs.

John Charles Harsanyi (1920-2000) est un économiste hungaro-australien, naturalisé américain. Il est surtout connu pour ses contributions à l'étude de la théorie des jeux en mathématiques et ses applications à l'économie, en particulier pour son approfondissement de l'analyse des jeux à information incomplète. Pour l'ensemble de ses travaux, il reçoit en 1994, en même temps que John Forbes Nash et Reinhard Selten, le prix Nobel d'économie.

John Harsanyi a présenté une méthode permettant de transformer des jeux à information incomplète en jeux à information complète mais imparfaite [20] : au début du jeu, la Nature effectue un choix de règles parmi les possibles et les joueurs n'ont qu'une connaissance partielle de ce choix. Cette transformation introduit une subtilité dans la classification des jeux où le hasard intervient, séparant ceux où le hasard intervient uniquement avant le premier choix (assimilables à des jeux à information incomplète sans hasard), de ceux où le hasard intervient (aussi) après un choix d'un joueur.

Aux échecs et aux dominos, lors des coups, les adversaires connaissent toute l'histoire des coups effectués (aux échecs, ils sont même généralement écrits). En termes plus scientifiques, le joueur peut déterminer le haut de l'arborescence de jeu pour sa position actuelle. La violation de ce principe transfère le jeu dans une autre classe, dont la classe des jeux à information imparfaite. Le joueur effectuant un coup peut déterminer un certain sous-ensemble des positions de l'arbre de jeu dans lesquelles il peut être et le joueur peut même ne pas savoir dans quel sous-jeu il se trouve. Par conséquent, le terme « sous-jeu » dans de tels jeux change de sens : désormais c'est dans un tel sous-arbre du jeu que tout ensemble d'informations qui croise ce sous-arbre est complètement contenu.

En général, tous les jeux sous forme normale peuvent être représentés comme des jeux séquentiels à information imparfaite.

Il faut plus d'or !

Considérons un jeu séquentiel qui sera un petit modèle de la vie réelle.

Ce jeu a pour théâtre une société corrompue d'un pays imaginaire et trois types d'acteurs avec des stratégies différentes. Le directeur, qui gère les différents magasins de la société, les responsables des magasins, et les employés des magasins.

Le directeur peut décider d'établir une politique dure par laquelle les travailleurs peuvent être condamnés à une amende (qui ira directement dans sa poche) ou alors une politique plus douce. Les responsables des magasins eux-mêmes ont le choix de transférer toutes les amendes reçues au directeur ou d'ajouter aussi leurs propres amendes (à leur seul profit). Quant aux travailleurs, ils peuvent également agir de différentes manières. Sachant que leur salaire après déduction de petites amendes éventuelles est très correct, alors que lorsque les amendes sont plus importantes elles peuvent les conduire à faire grève. Les grèves réduisant le profit global du directeur, il essaie de les éviter.

Formulons les gains des participants à ce jeu de manière plus formelle.

Les gains du directeur :

- Le directeur bénéficie d'amendes élevées, auxquelles les responsables de magasins n'ajoutent pas les leurs, et les travailleurs ne se mettent pas en grève.
- Lorsque les travailleurs se mettent en grève, cela réduit les gains du directeur de 1.
- Si les responsables de magasins ajoutent leurs propres pénalités à celles du directeur, le gain de celui-ci s'en trouve réduit de 1 (les responsables peuvent en effet garder une partie des pénalités pour eux).
- Si le directeur ne fixe pas d'amendes élevées, son gain est réduit de 1.

Les gains du responsable du magasin :
- Les responsables de magasin bénéficient des amendes

supplémentaires qu'ils perçoivent et les travailleurs ne se mettent pas en grève.
- Une situation où les travailleurs se mettent en grève et où les responsables perçoivent des amendes supplémentaires est pire que si les travailleurs ne se sont pas mis en grève et que les amendes supplémentaires n'ont pas été perçues.
- Le pire des cas est celui où des amendes supplémentaires ne sont pas perçues par les responsables et que les travailleurs sont en grève.

Les gains des travailleurs :

- Les gains des travailleurs sont les plus importants lorsqu'ils ne se mettent pas en grève et que ni le directeur ni les responsables de magasins n'imposent d'amendes.
- Les gains des travailleurs sont moins importants si les responsables de magasins ajoutent des amendes à celles du directeur, sachant que quel que soit le montant des amendes du directeur, les travailleurs peuvent se mettre en grève.
- Le pire des cas se présente lorsque le directeur et les responsables imposent de lourdes amendes, et que les travailleurs n'ont d'autre choix que de se mettre en grève.

Le schéma de ce jeu est présenté sous la forme d'un arbre.

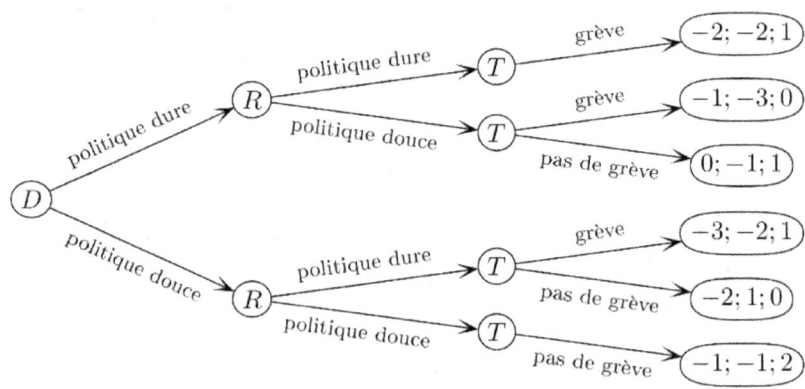

Lorsque le salaire des travailleurs connaît une réduction, ils n'en connaissent pas la raison car le directeur et les responsables ne les avertissent pas des amendes qu'ils ont pu leur donner. Ils ne sont pas au courant des nouvelles décisions que le directeur peut prendre concernant les amendes. Ils n'ont aucune visibilité non plus sur le responsable du magasin lorsqu'il veut gagner de l'argent en en prélevant une partie sur leur salaire. Ainsi, on peut parler d'un jeu à information imparfaite, où les travailleurs décident de se mettre en grève sans savoir à quel sommet d'arbre de décisions se trouve le jeu et comment ils sont arrivés à ce sommet.

Le directeur a donc deux stratégies possibles : politique douce ou dure. Les responsables du magasin en ont quatre : en fonction de la politique douce ou dure du directeur, ils décideront de mettre ou pas d'amende, sachant qu'avant de décider de ces amendes, ils sont au courant de la décision du directeur. Quant aux travailleurs, étant donné l'indiscernabilité des coups faits par le directeur et les responsables, ils n'ont que deux stratégies : se mettre en grève ou non.

Afin de trouver tous les équilibres de Nash, composons la matrice de paiements.

Les stratégies des responsables de magasin seront différentes selon la politique du directeur. Comme ils disposent de quatre stratégies, il y aura 4 lettres au total. Nous les désignerons par des lettres majuscules et minuscules : les majuscules seront appliquées pour le cas où le directeur aura choisi la politique dure, les minuscules lorsqu'il aura choisi la politique douce. Ainsi, les lettres E et e désignent les cas où le responsable du magasin a décidé de facturer des amendes (du mot Extra), et les lettres B et b — lorsqu'il ne veut pas percevoir d'amendes supplémentaires (du mot Bypass).

Si le directeur a fixé des amendes (F — Fine), alors la matrice de paiements suivante est obtenue :

		Travailleurs	
		Faire grève	Ne pas faire grève
Responsable du magasin	E	(−2 ; −2 ; 1)	(−2 ; −2 ; 1)
	e	(−2 ; −2 ; 1)	(−2 ; −2 ; 1)
	B	(−1 ; −3 ; 0)	(1 ; −1 ; 1)
	b	(−1 ; −3 ; 0)	(1 ; −1 ; 1)

Si le directeur décide de faire une politique douce (f) :

		Travailleurs	
		Faire grève	Ne pas faire grève
Responsable du magasin	E	(−3 ; −2 ; 1)	(−2 ; 1 ; 0)
	e	(−1 ; −1 ; 2)	(−1 ; −1 ; 2)
	B	(−3 ; −2 ; 1)	(−2 ; 1 ; 0)
	b	(−1 ; −1 ; 2)	(−1 ; −1 ; 2)

Nous trouverons dans ces matrices les meilleures réponses possibles pour le responsable du magasin à toutes les stratégies du directeur et des travailleurs. Pour les travailleurs, nous procéderons de la même manière : nous noterons leurs meilleurs coups pour chacune des stratégies du responsable de magasin.

Le directeur choisira sa stratégie en comparant les gains des deux matrices en réponse à chacune des stratégies du responsable de magasin.

Désignons une grève par la lettre S, du mot Strike. Nous pouvons obtenir que les ensembles de stratégies suivants soient des équilibres de Nash : *(F; E; S), (F; B; s), (F; b; s), (f; e; S), (f; b; S)*.

Lesquels de ces équilibres sont de Nash dans les sous-jeux ? Y a-t-il des sous-jeux qui ne commencent pas par des positions de départ ? Si nous commençons à jouer dans des positions où le coup appartient aux travailleurs, alors l'ensemble d'informations se composera de deux sommets dont l'un se trouve dans le sous-arbre et dont l'autre se trouve à l'extérieur. Considérons les sommets dont les sous-arbres de coups du responsable de magasin poussent. Hélas, encore une fois, nous sommes gênés par le fait que l'ensemble informationnel des travailleurs se compose de deux sommets dont l'un se trouve dans notre sous-arbre et l'autre dans un autre sous-arbre, c'est-à-dire est associé à un autre sous-jeu. Ainsi, nous n'avons pas de sous-jeux autres que le jeu entier, et les équilibres de Nash trouvés sont des équilibres de Nash perfectionnés sur les sous-jeux.

Jeux à information imcomplète

Dans les jeux statiques que nous avons envisagés jusqu'à présent, nous avons supposé que les joueurs étaient également informés de tous les coups possibles du jeu et de ses règles. De plus, nous avons supposé que nous connaissions également les gains possibles de tous les acteurs, y compris notre gain cible. Il s'agissait de jeux avec des informations complètes.

En fait, il existe un grand nombre de jeux qui ne remplissent pas ces conditions, jeux dans lesquels nous ne connaissons pas exactement les fonctions objectives des autres joueurs. Si nous supposons qu'il existe un nombre limité de fonctions objectives possibles, nous donnons la possibilité à la nature de faire un coup, en créant à la place d'un joueur réel un ensemble de fonctions virtuelles. Comme mentionné précédemment, les jeux avec des informations incomplètes sont appelés **bayésiens**.

Qu'est-ce que la stratégie rationnelle dans les jeux bayésiens ? Comment la définir ?

Chaque joueur connaît son type, mais ignore celui de son adversaire. La question est alors d'étudier les probabilités des choix de chaque type d'adversaire par la nature. En fixant l'adversaire (définissant ainsi sa stratégie), nous pouvons établir le gain attendu pour chacune des options possibles. Comment trouver l'espérance mathématique du gain total ? Vous pouvez revenir au premier chapitre, si vous l'avez oublié. Rappelons que les probabilités conditionnelles sont calculées à l'aide de la formule de Bayes (qui a longtemps été appelée formule de probabilité des causes), d'où le terme d'équilibre bayésien.

Les problèmes qui se posent, compte tenu de l'équilibre bayésien, sortent du cadre de notre cours d'introduction, nous ne considérerons donc pas de solutions dans des stratégies mixtes et, en général, de manière assez stricte, nous essaierons simplement de faire une analyse des situations qui se présentent.

Cédez le passage !

Expliquons le concept d'un jeu bayésien par le jeu suivant, appelons-le la « piste de ski bayésienne ».

Considérons une piste étroite de ski le long de laquelle deux skieurs se dirigent l'un vers l'autre. L'un d'eux devra donc céder le passage à l'autre. Si ce n'est pas le cas, ils entreront en collision et, sans doute, à grande vitesse.

Aucun des deux ne veut abandonner la piste. Appelons « skieur de principe » celui qui recevra une amende plus élevée s'il abandonne la piste, et appelons « débonnaire » celui qui, ayant perdu la piste, ne se considérera pas moralement privé, et qui ne recevra pas d'amende. Le premier skieur ne sait pas quel caractère a le second, il estime égales les probabilités que ce dernier soit de principe ou débonnaire. Construisons une matrice de paiements en supposant que le deuxième skieur a des principes.

		Deuxième skieur	
		Céder	Ne pas céder
Premier skieur	Céder	(0 ; −4)	(−1 ; 1)
	Ne pas céder	(1 ; −5)	(−4 ; −4)

La matrice de paiements en supposant la bonne nature du deuxième skieur est la suivante :

		Deuxième skieur	
		Céder	Ne pas céder
Premier skieur	Céder	(0 ; 0)	(−1 ; 1)
	Ne pas céder	(1 ; −1)	(−4 ; −4)

Quelles actions les joueurs choisiront-ils dans ce jeu ?
Le deuxième skieur sait à l'avance que le premier est de bonne humeur. Cela n'est-il pas clair d'après son sourire ?
Le masque sur le visage du second skieur ne laissant pas deviner clairement ce qu'il pense, son adversaire, par contre, ne sait pas s'il est gentil ou en colère. Pour lui il s'apparente donc au « skieur de Schrödinger ».

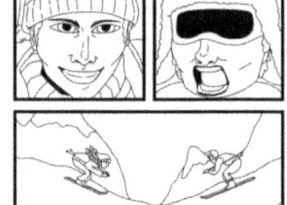

Déterminons les gains moyens de chaque joueur pour chaque résultat. Revenant au concept d'espérance mathématique, nous comprenons qu'il est logique d'utiliser leur espérance mathématique comme gain moyen.

Ensuite, le jeu deviendra celui dans lequel nous savons déjà trouver l'équilibre. Les gains du premier joueur ne dépendent pas de l'état du second, c'est-à-dire que la stratégie du premier joueur sera basée uniquement sur ses hypothèses concernant l'état et la stratégie du second.
Trouvons les équilibres de Nash dans des stratégies mixtes pour les deux cas.

Le premier des jeux, celui avec le skieur de principe, est le jeu de point de selle. Le skieur de principe choisira la stratégie « ne pas céder » avec la probabilité 1.

Considérons le deuxième jeu. Laissons le second joueur céder avec la probabilité p, donc avec la probabilité $1-p$ il ne cédera pas. Écrivons la condition d'équilibre. $0 \cdot p + (-1) \cdot (1 - p) = 1 \cdot p + (-4) \cdot (1 - p)$. Par conséquent, $p = 0{,}75$.

Étant donné que la probabilité que le deuxième skieur soit de bonne humeur est de 0,5, l'espérance mathématique qu'il cède est $0{,}75 \cdot 0{,}5 = 0 \cdot 0{,}5 = \frac{3}{8}$.

Alors le gain attendu du premier joueur s'il cède est égal à $0 \cdot \frac{3}{8} + (-1) \cdot \frac{5}{8} = -\frac{5}{8}$. S'il ne cède pas, l'espérance mathématique sera $1 \cdot \frac{3}{8} + (-4) \cdot \frac{5}{8} = -\frac{17}{8}$.

Il est logique qu'avec de telles espérances mathématiques, le premier joueur décide de ne prendre aucun risque et cède. Le second, réalisant ce que pense le premier, se précipitera avec la brise. Sachant lui-même ce que son adversaire pense de lui, le premier joueur sera alors plus enclin à abandonner la piste de ski.

Marché de citrons

En 1970, un article de George Akerlof « The Market for "Lemons" » [18] est publié. Il y a été montré qu'en dépit du rôle généralement stabilisateur des relations de marché, il existe des situations dans lesquelles le manque d'informations de certains participants et la disponibilité d'informations provenant d'autres peuvent conduire à l'effondrement des deux. Aujourd'hui, cet article est l'un des plus cités parmi les articles de recherche de la théorie économique moderne selon Google Scholar.

Son apport essentiel est de démontrer comment une asymétrie d'information en faveur du vendeur d'un bien (en l'occurrence le vendeur en sait plus que l'acheteur sur la qualité du bien qu'il vend) peut conduire à la réduction du nombre de transactions ou à la disparition du marché, même dans des conditions par ailleurs concurrentielles. Une des forces de cette contribution est de montrer comment ce type de phénomènes peut se produire dans un cadre analytique très simple.

Professeur à l'université de Californie à Berkeley, Akerlof a été récompensé en 2001 par le prix Nobel d'économie en compagnie de Michael Spence et Joseph Stiglitz pour ses recherches sur l'asymétrie d'information dont cet article est l'un des points de départ.

L'un des exemples considérés est le marché des voitures d'occasion. Divisons ensemble des voitures en deux catégories – les « citrons », voitures plutôt adaptées aux pièces de rechange et les « pêches », voitures qui peuvent encore rouler.
Concernant les « citrons » leurs propriétaires sont prêts les vendre pour 1000 dollars et les acheteurs sont prêts, eux, à payer 1500 dollars. Une situation assez courante. Si les deux sont lancés sur le marché, les voitures trouveront leurs acheteurs.

Les « pêches » sont bien sûr plus chères. Leurs propriétaires seront heureux  s'ils les vendent pour 3 000 dollars et les acheteurs sont prêts à payer 4 000 dollars. Une situation magnifique. Les acheteurs sont prêts à donner le prix proposé par les vendeurs et paieront avec plaisir. Cependant ... Oh, c'est « cependant », les vendeurs de voitures savent à quelle catégorie appartiennent celles qu'ils vendent mais pas les acheteurs. Toutes les voitures sont extérieurement en bon état, elles roulent toutes (cependant, les « citrons » ne rouleront pas longtemps ...). Les acheteurs savent que la moitié des voitures proposées sont des « citrons » et l'autre moitié des « pêches », mais ils ne le savent pas pour une voiture en particulier.

Selon le modèle bayésien, le juste prix qu'un acheteur serait prêt à payer pour une voiture, étant donné la probabilité égale des deux types de voitures sur le marché, est $\frac{1}{2} \cdot 1500 + \frac{1}{2} \cdot 4500 = 2750$.

Le propriétaire d'une « pêche » est-il prêt à vendre sa voiture pour un tel prix ? Évidemment non. Seuls les « citrons » resteront sur le marché. Les informations à ce sujet parviendront rapidement aux acheteurs et le maximum qu'ils offriront pour une voiture est de 1 500 dollars. Le marché des « pêches » qui aurait prospéré grâce à des informations complètes a été détruit, bien que les vendeurs soient prêts à les vendre et que les acheteurs soient prêts à les acheter, mais hélas ...

Avec ces exemples et d'autres, Akerlof montre qu'il n'est pas nécessaire de devenir euphorique sur le fait que les relations de marché sont les plus appropriées pour mener une activité économique.

Fin de semaine !

Et enfin, comme nous l'avons déjà fait, nous vous proposerons un jeu auquel vous pourrez jouer avec vos amis. Cette fois, vous pouvez communiquer les uns avec les autres. Le jeu se fera avec des informations incomplètes et une pièce jouera le rôle de la nature. Évidemment, vous pouvez vous entendre sur quelque chose mais ne pas tenir la promesse.

Supposons que vous êtes déjà inscrit à l'Ecole Polytechnique. C'est le premier week-end de septembre et vous décidez comment vous voulez le passer. Chacun de vous a les trois stratégies suivantes.

Le barbecue. Allez au parc pour un barbecue. Le gain avec cette stratégie est égal au nombre de personnes qui sont venues au barbecue en cas de beau temps (plus il y a de monde, plus il y a de plaisir) et de -10 en cas de pluie (puisque vous serez tous mouillés et que votre humeur se détériorera).

Kfet. Allez à une fête à Kfet. Notons votre nombre total par N. Le gain de cette stratégie est :
- moins de $N/10$ personnes sont venues : -5, si vous venez à une fête par mauvais temps, vous vous ennuyez simplement. Si le temps le permet, vous obtiendrez -20 car vous n'êtes pas allé au parc et n'avez pas non plus fait de barbecue.
- entre $N/10$ et $N/5$ personnes sont venues : par mauvais temps $+10$: vous vous amusez déjà plus mais toujours pas beaucoup. Par beau temps, -15. Parce que vous aimez le barbecue.
- entre $N/5$ et $N/3$ personnes sont venues : par mauvais temps $+20$: vous jouez à la mafia et vous vous amusez. Par beau temps, -12. Vous feriez mieux de jouer à la mafia en mangeant un barbecue.
- entre $N/3$ et $N/2$ personnes sont venues : par mauvais temps $+10$: il y a du monde à Kfet. Par beau temps, -20. Vous vous sentez étouffer et voulez de l'air frais.
- plus de $N/2$ personnes sont venues : par mauvais temps, vous perdez un nombre de points égaux à la moitié du nombre de visiteurs du fait qu'il n'y a tout simplement rien à respirer à Kfet. Les combats pour un siège près de la fenêtre commencent. Par beau temps, vous perdez un nombre de points égaux à deux fois le nombre de visiteurs. Vous regrettez vraiment de ne pas vous promener.

Restez chez vous. Par beau temps, vous perdez 5 points et par mauvais temps vous en obtenez 5.

Essayez maintenant de négocier avec vos amis.

7 JEUX DE RESEAU ROUTIER

Nous utilisons tous régulièrement les transports, tant publics que privés. C'est aujourd'hui ce dont nous discuterons principalement.

En fait, mes deux thèses de doctorat portaient sur la modélisation mathématique des flux de trafic, donc ce sujet m'est familier.

Graphe orienté

Les graphes sont probablement l'un des sujets les moins appréciés en mathématiques. Ils sont rarement mentionnés dans les écoles et ne sont étudiés en général que dans quelques-unes. Ainsi, dans ma vie, j'ai rencontré de nombreuses personnes qui confondent les mots « graphique » et « graphe » alors que ce sont des choses complètement différentes, les graphes étant plus simples que les graphiques. Qu'est ce donc qu'un graphe ?

Définitoin 32. Un **graphe** est un ensemble fini de points, dont certains sont reliés par des lignes. Ces points sont appelés les *sommets* du graphe, et les lignes de connexion sont appelées les *arêtes*.

Vous pouvez visualiser le graphe comme ceci : laissez les sommets être des villes et les arêtes, des routes qui les relient (figure ci-dessous). Peu importe dans le graphe l'emplacement des sommets sur la figure ou l'entrecroisement éventuel des arêtes : le même graphe peut être représenté de diverses manières.

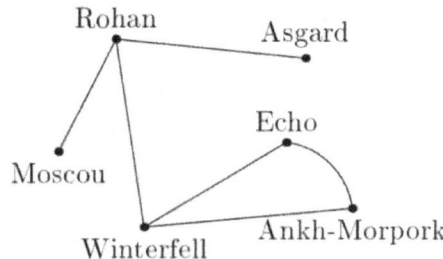

Que savons-nous du trafic de toutes les façons ? Qu'est-ce qu'un réseau routier ?
Il est logique que le réseau de transport soit une sorte de graphe ; de plus, il est orienté.

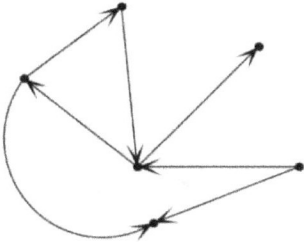

Un graphe est dit orienté si ses arêtes ont une direction. Ceci est généralement représenté par une flèche pointant une direction à la fin de chaque arête (voir figure). Ces arêtes sont appelées « **arcs** ». Sauf indication contraire, dans un graphe orienté, il ne peut généralement pas exister deux arêtes entre deux sommets, dont l'un est dirigé dans un sens et le second dans l'autre. Dans les graphes de transport, contrairement aux graphes des mathématiques d'olympiades, deux sommets du graphe peuvent être, ou plus précisément sont presque toujours reliés par des arêtes orientées dans deux directions. Ce qui n'est pas le cas pour les rues à sens unique.

Définitoin 33. Les sommets u et v de graphe sont appelés **fortement connexes**, s'il existe un chemin de u à v dans ce graphe.

Définitoin 34. Le graphe orienté est **fortement connexe**, si pour toute paire ordonnée de sommets distincts $u \in V$ et $v \in V$, il existe un chemin de u à v dans ce graphe.

Chaque graphe peut être divisé en composants de forte connexité, entre lesquels des arcs sont dessinés (figure ci-dessous).

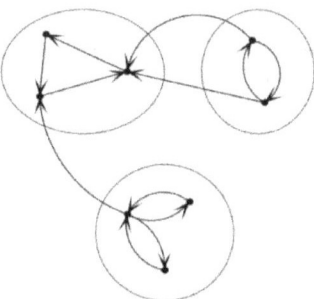

Dans la théorie des flux de trafic, nous supposerons que de n'importe quel endroit vous pouvez vous rendre à n'importe quel autre, c'est-à-dire que le graphe routier est fortement connexe.

Graphe pondéré

Que devons-nous savoir d'autre sur les routes ? Elles peuvent être de longueurs différentes, on peut alors dire que le graphe est pondéré : chaque arête peut être associée à un nombre, par exemple, la longueur de la route correspondante.

Si toutes les routes sont dans le même état et sont tout à fait vides, cette image peut nous dire déjà beaucoup. Par exemple, combien de temps nous allons voyager d'une ville à l'autre et à travers quelles villes nous obtiendrons le chemin le plus court.

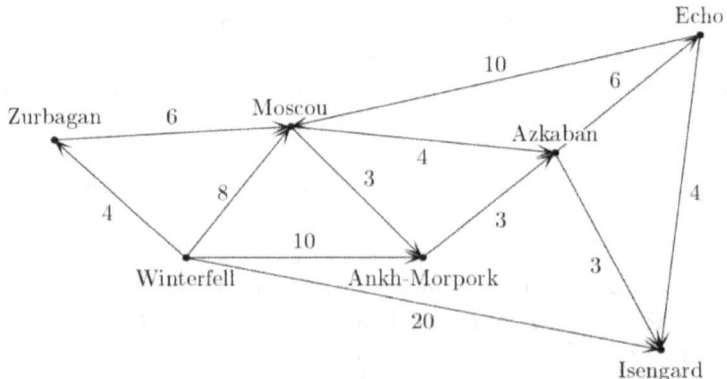

Dans ce graphe, par exemple, nous pouvons nous assurer du moyen le plus rapide pour se rendre de Winterfell à Echo soit via Moscou et Azkaban.

Chaque personne qui se rend sur la route examine l'état de la circulation. La plupart choisissent un trajet pensant que l'état des transports ne changera pas tout au long de ce trajet, et elles sélectionnent le chemin le plus court sur un graphe orienté à pondération constante.

Pondération variable

En réalité, cependant, une distance ne reflète pas pleinement l'état réel des choses.

Par exemple, que préférez-vous : parcourir 50 kilomètres sur un chemin de terre accidenté ou 100 kilomètres sur une autoroute nouvellement construite ? Il est logique que le temps de trajet et le confort fassent pencher la balance vers le second. Mais en même temps, si l'autoroute est pleine de voitures formant un énorme embouteillage alors que la route du village est complètement vide, votre choix changera évidemment.

Nous attribuons à chaque arête une fonction exprimant le temps de parcours comme fonction du nombre de voitures. Il est logique que plus il y a de voitures, plus le temps de trajet est signifiant, c'est-à-dire que la fonction augmente (mais seulement à partir d'un certain seuil, ainsi tant qu'il y a peu de voitures sur l'autoroute, elles ne se gênent pas du tout). Nous ne considérerons que les dépendances les plus simples, par exemple, quand le poids de chaque arête est une fonction linéaire.

Naturellement, chacun en choisissant la trajectoire optimale, fait attention non seulement au temps de trajet mais aussi au confort de déplacement, au prix du trajet sur la route à péage, etc. Mais pour ne pas nous laisser entraîner par des mathématiques et des sciences économiques effrayantes, nous n'évaluerons que le temps de trajet.

En 1952, le scientifique anglais John Glen Wardrop (1922-1989) a présenté au monde ses deux principes d'équilibre, liés au concept d'équilibre de Nash, développés indépendamment l'un de l'autre. Cependant, dans les réseaux de transport, les acteurs sont nombreux, ce qui rend l'analyse complexe. Dans un réseau de transport, le principe de Wardrop [48] stipule que chaque usager se comporte de manière rationnelle et égoïste. Rationnel car il évalue les alternatives et égoïste car il choisit le meilleur itinéraire. Sa finalité étant de minimiser le coût généralisé du parcours. Ainsi, chaque usager aura intérêt à se reporter sur un itinéraire alternatif tant que le coût généralisé de celui-ci est inférieur au coût généralisé initial.

1. Le premier principe coïncidait largement avec les idées des années 1920, exprimées en co-auteur avec Frank Knight (1885-1972). Son libellé : « Pour chaque couple d'origine–destination, les chemins utilisés ont le même coût généralisé et celui-ci est inférieur aux coûts des chemins non utilisés. Si, pour un couple origine-destination, plusieurs itinéraires sont utilisés, leurs coûts généralisés sont égaux ». Ce principe est appelé aussi « l'équilibre de l'utilisateur » (User equilibrium).
2. Le deuxième principe d'équilibre stipule que le temps de trajet optimal n'est atteint qu'avec les efforts conjoints de tous les participants au flux. C'est le cas de « Système optimal » (System optimum) ou « l'équilibre de Wardrop social ». Par exemple ce principe prend en charge les véhicules à commande centrale.

Dans les deux cas, chaque conducteur estime que son influence est si faible qu'elle n'affectera en rien la situation de la circulation. Nous examinerons l'équilibre des voitures individuelles. Une formulation plus simple de ce principe sera : « le temps de trajet entre deux points sera le même quel que soit l'itinéraire que nous choisissons ». En effet, s'il y a un moyen avec moins de temps de trajet, alors certaines voitures l'utiliseront et à la fin un nouvel équilibre sera établi.

Qu'est-ce que l'équilibre en général ? Si chaque jour à la même heure, le même ensemble de voitures doit se déplacer d'un endroit à un autre, comment les automobilistes finiront-ils par conduire après un certain temps ? Quels « itinéraires préférés » chacun empruntera-t-il ?

Jour après jour, chaque conducteur ayant des informations sur la façon dont la veille s'est déroulée pour le transport (après avoir regardé les embouteillages sur GoogleMaps et avoir observé là où il y en avait le moins) prend la décision de suivre le même chemin qu'hier ou de changer de trajectoire. Plus il y a d'embouteillages sur son itinéraire et moins sur les autres, plus tôt il changera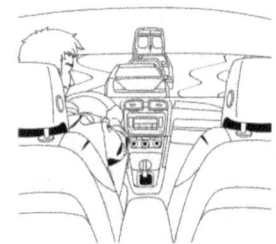

de trajectoire. Quand il voit que les embouteillages sont absolument les mêmes partout alors l'équilibre s'établit. Un équilibre établi sur plusieurs coups est appelé **l'équilibre itératif.**

Wardrop n'a pas fourni d'algorithmes pour résoudre les équilibres de Wardrop (Nash-Wardrop), il les a simplement définis comme des desiderata. Le premier modèle mathématique d'équilibre de réseau a été formulé par Beckmann, McGuire et Winsten en 1956 [6]. Ils ont essentiellement mathématisé le mouvement des automobilistes et ont déclaré que le temps de trajet minimum total sera atteint lorsque chaque automobiliste aura déjà décidé de son itinéraire. Comme pour les équilibres de Nash, des solutions simples à l'équilibre égoïste peuvent être trouvées par la simulation itérative, chaque agent attribuant sa route en fonction des autres. C'est un calcul très lent.

Jouons aux embouteillages !

Nous vous suggérons de participer au jeu suivant qui met en œuvre une situation routière.

Supposons que vous êtes N personnes. Laissez les retards le long des arcs du graphe de transport être définis comme suit :

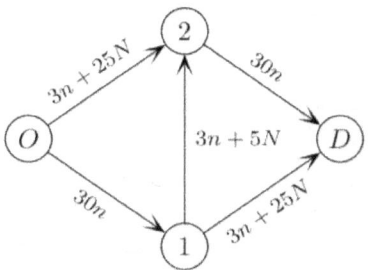

Ici, dans les formules, n est le nombre de personnes parcourant cette route.

Votre objectif est de passer de O à D. Le gain de ce jeu pour chacun de vous est la différence entre votre temps de trajet et celui du plus lent d'entre vous.

Chaque joueur a trois stratégies : $O-1-D$, $O-2-D$ et $O-1-2-D$.

Comme il s'agit d'un jeu de groupe, vous pouvez et devez discuter de votre stratégie. Le jeu est ouvert, chacun connaît les coups des autres. Pour préserver l'équité, chaque joueur doit écrire sur papier son choix parmi les trois stratégies puis signer et mettre le papier dans un chapeau sur la table de l'hôte.

Vous pouvez jouer à ce jeu plusieurs fois pour vous approcher de l'équilibre.

Un exemple de recherche d'équilibre dans un réseau de transport

Trouvons l'équilibre auquel vous arriveriez si vous aviez plus de temps et plus d'itérations. Soit les nombres suivants de voitures voyageant le long des trajectoires.

1. $O-1-D$: a voitures,
2. $O-2-D$: b voitures,
3. $O-1-2-D$: c voitures.

Il est logique qu'alors $a+b+c = N$. Ensuite, chacune des cinq routes du réseau de transport est utilisée par les nombres de personnes suivants :

- De O à 1 : $a+c$ voitures,
- De O à 2 : b voitures,
- De 1 à 2 : c voitures,
- De 1 à D : a voitures,
- De 2 à D : $b+c$ voitures.

En principe, ceux qui connaissent la physique remarqueront que le trafic de voitures satisfait essentiellement à la première règle de Kirchhoff : autant de voitures circulantes entrent dans l'intersection, autant la quittent.
Une fois dans la circulation, il n'y a pas de génération spontanée de véhicules, et les modèles mathématiques en général ne considèrent pas les cas d'accidents routiers, qui mènent aux disparitions de véhicules.

Calculons les délais sur chaque trajectoire :

1. Sur la trajectoire $O-1-D$: $30 \cdot (a + c) + 3 \cdot a + 25N$,
2. Sur la trajectoire $O-2-D$: $3 \cdot b + 25N + 30 \cdot (b + c)$,
3. Sur la trajectoire $O-1-2-D$: $30 \cdot (a + c) + 3 \cdot a + 5N + 30 \cdot (b + c)$.

Écrivons la condition d'équilibre dans ce réseau de transport :

$$30 \cdot (a + c) + 3 \cdot a + 25N = 3 \cdot b + 25N + 30 \cdot (b + c) =$$
$$= 30 \cdot (a + c) + 3 \cdot a + 5N + 30 \cdot (b + c).$$

A partir de la première égalité, il est évident que $a = b$. A partir de la seconde, en remplaçant, nous obtenons que $3 \cdot a + 25N + 30 \cdot (a + c) = 30 \cdot (a + c) + 3 \cdot a + 5N + 30 \cdot (a + c)$, d'où $3 \cdot a + 20N = 30 \cdot (a + c) + 3 \cdot c$.

En tenant compte du fait que $a + b + c = N$, on obtient $3 \cdot a + 20(a + a + c) = 30 \cdot (a + c) + 3 \cdot c$. D'où $a = c$. Cela signifie qu'en équilibre, les flux sont uniformément répartis. Ensuite, le temps de trajet total pour chacun sera
$$30\frac{2N}{3} + 3\frac{N}{3} + 25N = 46N.$$

Est-ce toujours rentable de construire de nouvelles routes ?

Selon vous, qu'est-ce qui changera si nous faisons sauter la route reliant les points 1 et 2 ?

Trouvons un équilibre dans ce jeu de transport.

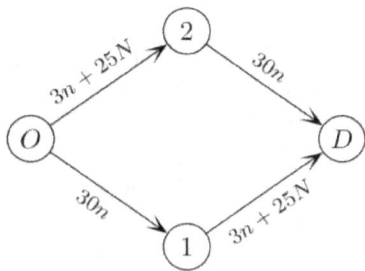

Soit les nombres suivants de personnes voyageant le long des trajectoires :

1. O–1–D : a voitures,
2. O–2–D : b voitures.

Et, comme dans le cas précédent, $a+b=N$. Calculons les délais sur chaque trajectoire :

1. Sur la trajectoire $O-1-D$: $30 \cdot a + 3 \cdot$
 $\cdot a + 25N$,
2. Sur la trajectoire $O-2-D$: $3 \cdot b +$
 $+25N + 30 \cdot b$.

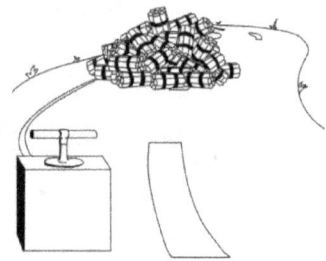

Après avoir écrit les conditions d'équilibre, nous obtenons que $a = b = \dfrac{N}{2}$.

Ensuite, le temps de trajet total pour chacun sera :

$$30\dfrac{N}{2} + 3\dfrac{N}{2} + 25N = 41{,}5N.$$

Que voyons-nous ? Nous avons fermé la route et la situation n'a fait que s'améliorer ! Que s'est-il passé ?

Paradoxe de Braess

Dans les mathématiques, et plus précisément dans la théorie des jeux, le paradoxe de Braess énonce que l'ajout d'une nouvelle route dans un réseau routier peut réduire la performance globale, lorsque les entités en se déplaçant choisissent leurs routes individuellement. Cela provient du fait que l'équilibre de Nash d'un tel système n'est pas nécessairement optimal. Ce paradoxe a été mis en évidence en 1968 par le mathématicien allemand Dietrich Braess (né en 1938). Il a donné un exemple de réseau dans lequel l'ajout d'une nouvelle route a entraîné une augmentation du temps de trajet sur la structure du réseau pour tous les usagers de la route [10].

Nous venons de décrire un exemple d'un tel paradoxe. Le mécanisme de la formation du paradoxe de Braess fait largement écho au dilemme du prisonnier de la théorie des jeux : chacun choisit la stratégie optimale pour lui-même ce qui ne fait qu'aggraver l'équilibre optimal.

Ce paradoxe a été rencontré dans les structures routières réelles aux États-Unis, en Grande-Bretagne, etc.
Voici une liste des réseaux les plus connus avec le paradoxe de Braess dans la vraie vie.

- À Séoul (Corée du Sud), une amélioration du trafic autour de la ville a été observée lorsqu'une voie rapide a été supprimée lors du projet

- de restauration de Cheonggyecheon.
- À Stuttgart (Allemagne), après des investissements sur le réseau routier en 1969, la situation ne s'est pas améliorée jusqu'à ce qu'une section de route nouvellement construite soit à nouveau fermée au trafic.
- En 1990, la fermeture de la 42e rue à New York a réduit la congestion dans cette zone.
- En 2008, Youn, Gastner et Jeong ont pointé du doigt des itinéraires spécifiques à Boston, New York et Londres et désigné des routes qui pourraient être fermées pour réduire les temps de trajets.
- En 2011, à la suite de la fermeture de l'Interstate 405, l'absence d'un fort trafic dans une large zone est potentiellement considérée comme l'exemple le plus récent du paradoxe de Braess à l'œuvre.

Comme Roughgarden et Valiant l'ont montré dans leur article de 2006 [45], ce paradoxe est très susceptible de se produire dans des graphes aléatoires. Sa solution n'est pas évidente, comme cela peut paraître à première vue. Roughgarden a montré dans son article [36] que le problème de recherche des arêtes inefficaces dans un réseau est NP-difficile, c'est-à-dire pratiquement insoluble. D'autre part, Miltach a montré dans son article [27] que le seul réseau dans lequel le paradoxe de Braess ne peut pas être réalisé est un réseau d'arêtes parallèles. Une conséquence de ce qui précède est que l'ajout mal conçu de nouvelles routes à un réseau routier peut augmenter la surcharge de déplacement dans ce réseau.

Autres paradoxes de transport

Le paradoxe Downs-Thomson démontré pour la première fois par Downs en 1962 [13] indique que la vitesse d'équilibre des véhicules dans le réseau de transport est déterminée par la vitesse moyenne de « porte-à-porte » pour des trajets équivalents en transports en commun [1].

Le paradoxe de Pigou-Knight-Downs affirme que l'augmentation de la capacité des routes ne réduit pas toujours les retards globaux des véhicules [3]. Cela peut s'expliquer par le fait que le trafic peut simplement passer d'une route à celle améliorée, ce qui accroît l'encombrement. En fait, ce paradoxe est une conséquence du paradoxe Downs-Thomson.

Le paradoxe Downs-Thomson se produit en raison de la transition des passagers des transports publics vers les transports personnels sous l'influence d'une demande différée. La sortie de passagers des transports publics réduit le profit de ses opérateurs et les oblige à augmenter les intervalles, ce qui oblige les autres passagers à passer à des véhicules privés. Cependant, dans le même temps, la situation routière se détériore également : croyant à l'amélioration de la capacité routière aux heures de pointe, les conducteurs qui tentaient auparavant d'emprunter la route en dehors des heures de pointe commencent à s'y rendre. Ces deux facteurs perturbent l'équilibre des transports, conduisant à une croissance explosive des flux de véhicules sur le prolongement de la route, à l'émergence d'encombrements encore plus importants et à une détérioration du service des transports publics.

Le paradoxe Downs-Thomson n'est pas universel et n'est applicable que dans les cas où il existe un système de transport public développé de même que lorsque le réseau routier existant ne peut plus faire face à la fluidité du trafic. Il existe des preuves expérimentales en laboratoire et mathématiques pour ce paradoxe.

Le postulat de Lewis-Mogridge a été formulé en 1990. Il est basé sur le constat que plus il y a de routes construites, plus il y a de trafic pour les remplir [29]. Cette paraphrase de Mogridge est une référence directe à la « loi de la surcharge imminente », introduite de force dans la littérature sur les transports par Anthony Dawson. Le postulat est interprété comme un processus d'augmentation du trafic jusqu'à ce qu'il occupe tout l'espace libre sur la route. Les avantages de vitesse d'une nouvelle route s'estompent en quelques mois, voire quelques semaines. Parfois, de nouvelles routes réduisent la gravité du problème de congestion dans certaines sections, mais dans la plupart des cas, ces embouteillages se déplacent simplement vers d'autres centres de transport.

D'après le postulat de Lewis-Mogridge, il n'est pas correct de conclure que la construction de routes est généralement injustifiée, mais les promoteurs et les constructeurs devraient percevoir l'ensemble du système de transport comme un tout. Cela signifie que la compréhension des principes du déplacement d'objets sur la route doit être à un niveau tel que la motivation à se déplacer passe avant le fait même de déplacement. Ce postulat a souvent été utilisé pour expliquer les problèmes causés par les véhicules privés, en particulier la congestion des routes et autoroutes urbaines. Il peut également aider à expliquer le succès du système de péage du centre de Londres.

Cependant, il ne se limite pas au transport personnel. Mogridge, en tant qu'analyste britannique des transports est également arrivé à la conclusion que tous les coûts d'investissement liés à l'expansion du réseau routier dans les limites de la ville entraîneront inévitablement sa saturation à l'avenir et réduiront la vitesse moyenne pondérée de mouvement dans tout le système, y compris les routes et les transports publics. Ces relations de vitesse et cet équilibre général sont également connus sous le nom de paradoxe Downs-Thomson. Cependant, selon l'interprétation d'Anthony Downs lui-même, ces liens entre les vitesses moyennes pondérées des transports personnels et publics ne sont applicables que lorsque, aux heures de pointe, le trafic de passagers a une voie de circulation distincte (généralement la droite). Prenons, par exemple, le centre de Londres où depuis 2001, environ 85% de tous les participants aux heures de pointe du matin dans le centre-ville utilisent les transports en commun (qui empruntent 77% du trajet sur une voie séparée) lorsque seulement 11% utilisent des voitures privées. Dès que la liberté de passage des transports publics terrestres a égalé la liberté de déplacement dans le métro, le temps de trajet pour les deux types de transports publics a été à peu près égal.

L'une des méthodes de régulation des flux de trafic peut être l'introduction de péages. Il y a une différence entre le tarif sur une route particulière et le tarif vers la zone sélectionnée. L'histoire montre des exemples positifs et négatifs de l'influence de telles décisions sur la situation des transports. Par exemple, l'introduction d'une entrée payante dans le centre de Rome a permis de réduire la charge sur les routes de 15 à 20%, tout en augmentant la charge sur les transports publics de seulement 6%. L'introduction d'un péage sur les routes de Melbourne a résolu le problème des embouteillages. Un exemple négatif est la construction de l'autoroute à péage M1 en Hongrie. En raison des tarifs excessifs, cette route est largement sous-chargée [12].

8 CONCLUSION

J'aimerais croire que vous avez maintenant beaucoup appris sur la théorie des jeux et la prise de décision. Bien sûr, concernant ceux d'entre vous qui pensaient qu'après avoir lu ce livre, ils allaient rapidement atteindre le niveau 100 avec leur personnage Pandaren, ils ont été déçus du fait que nous n'avons rien dit à ce sujet. Et nous avons énoncé que la théorie des jeux en tant que branche de la science est associée à de nombreux autres domaines de cette dernière : les mathématiques, bien sûr, l'économie, l'informatique, la psychologie et même la philosophie. Vous avez constaté que la tendance à l'égoïsme, normale pour chacun des peuples, ne conduisait pas au meilleur résultat pour tous ensemble.

Quels genres de sujets mathématiques avons-nous soulevé dans ce livre ? Théorie des probabilités, combinatoire, théorie des graphes... On ne peut pas tout lister. La théorie des probabilités a été créée à un moment précis afin de déterminer si une version particulière du jeu de dés était juste ou non. L'économie mathématique est largement basée sur la théorie des jeux. Tout cela, c'est-à-dire, les applications des mathématiques à la résolution de problèmes pratiques, est appelé mathématiques appliquées, et j'espère avoir pu vous en montrer quelques applications intéressantes.

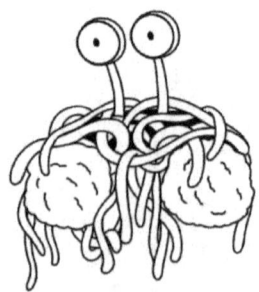

RÉFÉRENCES

[1] H. Ameimounga, W. Solomon, and I. Ziedins. The Downs-Thomson paradox: existence, uniqueness and stability of user equilibria. Queueing Systems, 49(3-4) :321334, 2005.

[2] Julia Annas. An introduction to Plato's Republic. 1981.

[3] R. Arnott and K. Small. The economics of tra-c congestion. American scientist, 82(5) :446−455, 1994.

[4] Robert Axelrod and William Donald Hamilton. The evolution of cooperation. science, 211(4489) :1390−1396, 1981.

[5] Haris Aziz and Simon Mackenzie. A discrete and bounded envy-free cake cutting protocol for any number of agents. In 2016 IEEE 57th Annual Symposium on Foundations of Computer Science (FOCS), pages 416−427. IEEE, 2016.

[6] Martin J Beckmann, Charles B McGuire, and Christopher B Winsten. Studies in the Economics of Transportation. 1955.

[7] Michel Benaïm and Nicole El Karoui. Promenade aléatoire : chaines de Markov et simulations, martingales et stratégies. Editions Ecole Polytechnique, 2005.

[8] Ken Binmore et al. Playing for real: a text on game theory. Oxford university press, 2007.

[9] Emile Borel. La théorie du jeu et les équations intégralesa noyau symétrique. Comptes rendus de l'Académie des Sciences, 173(1304-1308) :58,

1921.

[10] Dietrich Braess, Anna Nagurney, and Tina Wakolbinger. On a paradox of tra-c planning. Transportation science, 39(4) :446–450, 2005.

[11] Steven J Brams and Alan D Taylor. An envy-free cake division protocol. The American Mathematical Monthly, 102(1) :9–18, 1995.

[12] E. V. Chalaya. Building of OD matrices for the transport network of Vladivostok (Master thesis, in Russian). 2009.

[13] A. Downs. The law of peak-hour expressway congestion. Traffic Quarterly, 16(3) :393–409, 1962.

[14] David Edmonds. Would you kill the fat man? : The trolley problem and what your answer tells us about right and wrong. Princeton University Press, 2013.

[15] Christian Ewerhart. A "fractal" solution to the chopstick auction. Economic Theory, pages 1–17, 2017.

[16] Merrill M Flood. Some experimental games. Management Science, 5(1) :5–26, 1958.

[17] Jie Gao, Yanjie Su, Masaki Tomonaga, and Tetsuro Matsuzawa. Learning the rules of the rock–paper–scissors game: chimpanzees versus children. Primates, 59(1) :7–17, 2018.

[18] Akerlof George et al. The market for `Lemons' : Quality uncertainty and the market mechanism. Quarterly Journal of Economics, 84(3) :488–500, 1970.

[19] Oliver Gross and Robert Wagner. A continuous Colonel Blotto game. Technical report, RAND project air force Santa Monica CA, 1950.

[20] John C Harsanyi. Games with incomplete information played by "Bayesian" players, I–III Part I. The basic model. Management science, 14(3) :159–182, 1967.

[21] John C Harsanyi and Reinhard Selten. A generalized Nash solution for twoperson bargaining games with incomplete information. Management science, 18(5-part-2) :80–106, 1972.

[22] Walter T Herbranson and Julia Schroeder. Are birds smarter than mathematicians? Pigeons (Columba livia) perform optimally on a version of the Monty Hall Dilemma. Journal of Comparative Psychology, 124(1) :1, 2010.

[23] Paul Henri Thiry Holbach. Systeme de la nature ou des lois du monde physique et du monde moral. 1793.

[24] Steven E Landsburg. More sex is safer sex: The unconventional wisdom of economics. Simon and Schuster, 2007.

[25] Michael Luca and Max H Bazerman. The Power of Experiments: Decision Making in a Data-driven World. Mit Press, 2020

[26] Joël Merker. La fontaine d'eau et l'optimum de Pareto. 2008.

[27] Igal Milchtaich. Network topology and the efficiency of equilibrium. Games and Economic Behavior, 57(2) :321–346, 2006.

[28] John Stuart Mill. Principles of Political Economy, 1965.

[29] M. J. H. Mogridge. Travel in towns: jam yesterday, jam today and jam tomorrow? Springer, 1990.

[30] Oskar Morgenstern and John Von Neumann. Theory of games and economic behavior. Princeton university press, 1953.

[31] John Nash. Non-cooperative games. Annals of mathematics, pages 286–295, 1951.

[32] Starr Norton. Your Half's Bigger Than My Half! The College Mathematics Journal, 30(4) :329, 1999.

[33] Vincent Ostrom, Elinor Ostrom, and ES Savas. Public goods and public choices. 1977, pages 7–49, 1977.

[34] Vilfredo Pareto. Manuel d'économie politique, volume 38. Giard & Briere, 1909
[35] Edgar Allan Poe. La lettre volée. Les Editions de Londres, 2012.

[36] Tim Roughgarden. On the severity of Braess's paradox: designing

networks for selfish users is hard. Journal of Computer and System Sciences, 72(5) :922–953, 2006.

[37] Jean-Jacques Rousseau. Discours sur l'origine et les fondements de l'inégalité parmi les hommes (1755). Œuvres completes, 3 :131–194, 1964.

[38] Thomas C Schelling. The strategy of conflict. Harvard university press, 1980.

[39] Ulrich Schwalbe and Paul Walker. Zermelo and the early history of game theory. Games and economic behavior, 34(1) :123–137, 2001.

[40] Amartya Sen. The impossibility of a Paretian liberal. Journal of political economy, 78(1) :152–157, 1970.

[41] Martin Shubik. The dollar auction game: A paradox in noncooperative behavior and escalation. Journal of conflict Resolution, 15(1) :109–111, 1971.

[42] Adam Smith. An Inquiry into the Nature and Causes of the Wealth of Nations. Edited by RH Campbell and AS S-inner. New York: Oxford University Press., 1776.

[43] Balazs Szentes and Robert W Rosenthal. Three-object two-bidder simultaneous auctions: chopsticks and tetrahedra. Games and Economic Behavior, 44(1) :114–133, 2003.

[44] Albert W Tucker. A two-person dilemma. Prisoner's Dilemma, 1950.

[45] Gregory Valiant and Tim Roughgarden. Braess's paradox in large random graphs. Random Structures & Algorithms, 37(4) :495–515, 2010.

[46] John B Van Huyck, John M Wildenthal, and Raymond C Battalio. Tacit Cooperation, Strategic Uncertainty, and Coordination Failure: Evidence from Repeated Dominance Solvable Games., 1996.

[47] Léon Walras. Eléments d'économie politique pure, ou, Théorie de la richesse sociale. F. Rouge, 1896.

[48] John Glen Wardrop. Road paper. some theoretical aspects of road traffic research. Proceedings of the institution of civil engineers, 1(3) :325–362, 1952.

www.ingramcontent.com/pod-product-compliance
Lightning Source LLC
Chambersburg PA
CBHW050006230526
4546SCB00003BB/1281